高职高专"十

机电专业系列

传感器原理与检测技术

（第二版）

主 编	朱志伟	刘红兵	赫焕丽
副主编	李小龙	朱 毅	郭姗姗
	李庆国	黄学先	
参 编	张朝霞	谢 莉	李 想
	欧亚军	刘怿恒	吴海峰
	程鸣凤		

加入读者圈，获取更多资源

南京大学出版社

内容简介

《传感器原理与检测技术》是以被测物理量为研究对象,采用"项目+任务"的编排方式,每个项目由若干个任务组成。本书分为7个项目,分别为温度检测与信号调理、力检测、位移检测、速度检测、液位检测、气体检测,以及传感器在现代检测系统中的应用。每个项目包括"学习目标"、"项目描述"、"任务背景"、"相关知识"、"任务拓展"、"思考与练习"6个栏目,介绍了常见物理量的检测方法、传感器的基本原理、常用传感器的参数、选用原则和应用电路,并介绍了每个电路的调试步骤与方法。

本书内容丰富新颖、适应性强、循序渐进,使用了大量实物照片和插图,增强了教材的直观性和真实感,可作为高职院校电子、电气、机电、自动化及仪表等专业的教材和教学参考书,也可作为有关工程技术人员的参考与自学用书。

图书在版编目(CIP)数据

传感器原理与检测技术 / 朱志伟,刘红兵,赫焕丽
主编. —2 版. —南京:南京大学出版社,2017.12(2019.7 重印)
高职高专"十三五"规划教材.机电专业系列
ISBN 978-7-305-19736-9

Ⅰ. ①传… Ⅱ. ①朱… ②刘… ③赫… Ⅲ. ①传感器
—高等职业教育—教材 Ⅳ. ①TP212

中国版本图书馆 CIP 数据核字(2017)第 310613 号

出版发行　南京大学出版社
社　　址　南京市汉口路 22 号　　　邮　编　210093
出 版 人　金鑫荣

丛 书 名　高职高专"十三五"规划教材·机电专业系列
书　　名　传感器原理与检测技术(第二版)
主　　编　朱志伟　刘红兵　赫焕丽
责任编辑　刘　洋　吴　汀　　　　　编辑热线　025-83592146

照　　排　南京理工大学资产经营有限公司
印　　刷　南京京新印刷有限公司
开　　本　787×1092　1/16　印张 12.75　字数 295 千
版　　次　2017 年 12 月第 2 版　2019 年 7 月第 2 次印刷
ISBN　978-7-305-19736-9
定　　价　32.00 元

网　　址:http://www.njupco.com
官方微博:http://weibo.com/njupco
微信服务号:njuyuexue
销售咨询:(025)83594756

前　　言

本教材是根据毕业生所从事职业的实际需要,合理确定学生应具备的能力结构与知识结构,将基础内容和专业内容整合在一起,形成以就业为导向的项目化结构编写的。

传感器与检测技术是一门融合众多学科的技术,但对于一般的技术人员来说,重点在于传感器的应用,即如何通过检测电路将被测物理量转换成电压、电流或频率信号,供后续电路处理。传感器及其检测电路则为传感器应用中的核心技术,应用传感器则要重点解决传感器的选型和接口技术,本书正是为解决这些问题而编写。

本书特点:

(1) 在总内容的安排上,采用"项目＋任务"的模式,将同一被测物理量放在一个项目中,每一个任务则介绍一种传感器的应用;

(2) 在每个项目中,以传感器应用为主线,结合传感器的原理、技术参数及选用原则,并通过具体的电路来加深对以上内容的理解;

(3) 在内容的承载方式上,增加了直观的图形、波形,力求图文并茂,从而提高了教材的可读性;

(4) 在每个项目的内容组织上,适当保留传统的理论知识,突出了传感器的应用电路。

全书分为七个项目,项目一温度检测与信号调理,项目二力检测,项目三位移检测,项目四速度检测,项目五液位检测,项目六气体检测,项目七传感器在现代检测系统中的应用。

本书由长沙民政职业技术学院朱志伟、湖南铁道职业技术学院刘红兵、咸宁职业技术学院赫焕丽担任主编,张家界航空工业职业技术学院李小龙、福建水利电力职业技术学院朱毅、郑州财经学院郭姗姗、湖南科技职业技术学院李庆国、湖北职业技术学院黄学先担任副主编;湖南化工职业技术学院张朝霞、湖南高尔夫旅游职业学院谢莉、郑州财经学院李想、长沙民政职业技术学院欧亚军和刘怿恒、张家界航空工业职业技术学院吴海峰和程鸣凤参与教材的编写,同时进行了本教材的资料收集及课件的制作。全书最后由朱志伟负责统稿。

在编写过程中,编者参阅了同行专家们的许多论著文献,同时还参考了许多网络资料,在此一并真诚致谢。限于编者的学识水平及实践经验,书中必然存在疏漏及错误,敬请使用本书的老师和读者批评指正。

编者

2017 年 12 月

目　录

绪　　论

在现代工业生产中,为了检查、监督和控制某个生产过程或运动对象,使其处于所选工况最佳状态,就必须掌握描述它们特性的各种参数,这就要测量这些参数的大小、方向、变化速度等。所谓检测,就是人们借助于仪器、设备,利用各种物理效应,采用一定的方法,将客观世界的有关信息通过检查与测量来获取定性或定量信息的认识过程。这些仪器和设备的核心部件就是传感器,传感器是感知被测量(多为非电量),也是一种将感知被测量转化为电量的器件或装置。而检测包含检查和测量两个方面,其中,检查往往是获取定性信息,测量则是获取定量信息。

1　检测技术的作用和地位

用中国古话"工欲善其事,必先利其器"来说明检测技术在现代科学技术中的重要性是很恰当的。所谓"事",就是指发展现代科学技术的伟大事业,而"器"则是指利用检测技术而制造的仪器、仪表、工具等。所以说检测技术是科学和生产实践的必要手段,其水平的高低是科学技术是否现代化的重要标志,在发展国民经济中的作用就不言而喻了。

近年来,随着家电工业的兴起,检测技术进入了人们的日常生活中,例如,电冰箱中的温度传感器、监视煤气溢出的气敏传感器、防止火灾的烟雾传感器、防盗用的光电传感器等;在机械制造工业中,利用检测技术,通过对机床的加工精度、切削速度、床身振动等许多静态、动态参数进行在线测量来控制加工质量;在化工、电力等行业中,如果不能随时对生产工艺过程中的温度、压力、流量等参数进行自动检测,生产过程就无法控制,甚至会发生危险;在交通领域,一辆现代化汽车所用的传感器就多达数十种,用以检测车速、方位、转矩、振动、油压、油量、温度等;在国防科研中,检测技术用得更多,许多尖端的检测技术都是因国防工业需要而发展起来的,例如,研究飞机的强度则要在机身、机翼上贴几百片应变片,并进行动态特性测试。

有人把计算机比喻为人的大脑的延续,称之为"电脑";而把传感器比喻为人的感觉器官的延续,称之为"电五管"(视、听、味、嗅、触)。没有"电五管"就不能实现自动化,没有自动检测技术就没有自动保护、自动报警和自动诊断系统,就不能实现自动计量和自动管理。特别是传感器与计算机相结合,使得一些带有微处理器的新型智能化仪器不断涌现,对生产过程进行自动控制。这样不仅大大提高了劳动生产率和产品质量,而且减轻了劳动强度,改善了劳动条件。

检测涉及的范畴很广,常见的检测涉及内容如表 0-1 所示。

表 0-1　检测涉及内容

被测量类型	被测量	被测量类型	被测量
机械量	速度、加速度、转速、应力、应变、力矩、振动等	热工量	温度、热量、比热容、压强、物位、液位、界面、真空度等
几何量	长度、厚度、角度、直径、平行度、形状等	物质成分量	气体、液体、固体的化学成分、浓度、湿度等
电参量	电压、电流、功率、电阻、阻抗、频率、相位、波形、频谱等	状态量	运动状态(启动、停止等)、异常状态(过载、超温、变形、堵塞等)

2　传感器及其基本特性

(1) 传感器的定义

国家标准 GB 7665—87 对传感器的定义是:"能感受规定的被测量并按照一定的规律转换成可用信号的器件或装置,通常由敏感元件和转换元件组成"。传感器是一种检测装置,能感受到被测量的信息,并能将检测感受到的信息按一定规律变换成为电信号或其他所需形式的信息输出,以满足信息的传输、处理、存储、显示、记录和控制等要求。传感器是实现自动检测和自动控制的首要环节。传感器的输出信号多为易于处理的电量,如电压、电流、频率等。

传感器组成框图如图 0-1 所示。图中敏感元件是在传感器中直接感受被测量的元件,即被测量通过传感器的敏感元件转换成一个与之有确定关系,更易于转换的非电量。这一非电量通过转换元件被转换成电参量。转换电路的作用是将转换元件输出的电参量转换成易于处理的电压、电流或频率量。应该指出,有些传感器是将敏感元件与传感元件合二为一。

非电量 ——→ 敏感元件 ——→ 转换元件 ——→ 转换电路 ——→ 电信号
　　　　　　　　　　　　　　　　↑　　　　↑
　　　　　　　　　　　　　　　　辅助电源

图 0-1　传感器组成框图

（2）传感器分类

根据某种原理设计的传感器可以同时检测多种物理量,而有时一种物理量又可以用几种传感器测量。传感器有很多种分类方法,但目前尚无一个统一的分类方法,比较常见的分类方法有如下 3 种:

① 按传感器的物理量分类,可分为:位移、力、速度、温度、湿度、流量、气体成分等传感器。

② 按传感器工作原理分类,可分为:电阻、电容、电感、电压、霍尔、光电、光栅、热电偶等传感器。

③ 按传感器输出信号的性质分类,可分为:输出为开关量("1"和"0"或"开"和"关")的开关型传感器、输出为模拟型传感器、输出为脉冲或代码的数字型传感器。

（3）传感器数学模型

传感器检测被测量应按照规律输出有用信号,因此,需要研究其输出-输入之间的关系和特性,理论上用数学模型表示输出-输入之间的关系和特性。

传感器可以检测静态量和动态量输入信号的不同,传感器表现出来的关系和特性也不相同。本教材将传感器的数学模型分为动态和静态 2 种,这里只研究传感器的静态数学模型。

静态数学模型是指在静态信号作用下,传感器输出量与输入量之间的一种函数关系。表示为:

$$y = a_0 + a_1 x + a_2 x^2 + \cdots + a_n x^n \qquad (0-1)$$

式中,x 为输入量;y 为输出量;a_0 为零输入时的输出,也称零位误差;a_1 为传感器的线性灵敏度,用 K 表示;$a_2, \cdots, a_n$ 为非线性项系数。

根据传感器的数学模型,一般将传感器分为 3 种:

① 理想传感器,静态数学模型表现为 $y = a_1 x$;

② 线性传感器,静态数学模型表现为 $y = a_0 + a_1 x$;

③ 非线性传感器,静态数学模型表现为 $y = a_0 + a_1 x + a_2 x^2 + \cdots + a_n x^n$($a_2 \cdots a_n$ 中至少有一个不为零)。

（4）传感器的特性与技术指标

传感器的静态特性是指对静态的输入信号、传感器的输出量与输入量之间的关系。因为输入量和输出量都与时间无关,因此,它们两者之间的关系,即传感器的静态特性可用一个不含时间变量的代数方程或以输入量为横坐标,并把与其对应的输出量为纵坐标而绘制出的特性曲线来描述。表征传感器静态特性的主要参数有:线性度、灵敏度、分辨力和迟滞等。传感器的参数指标决定了传感器的性能以及选用传感器的原则。

1) 传感器的灵敏度

灵敏度是指传感器在稳态工作情况下输出量变化 Δy 对输入量变化 Δx 的比值。它是输出-输入特性曲线的斜率。

$$K = \mathrm{d}y/\mathrm{d}x$$

如果传感器的输出和输入之间呈线性关系，则灵敏度 K 是一个常数，即为特性曲线的斜率，否则该灵敏度 K 将随输入量的变化而变化。

灵敏度的量纲是输出量和输入量的量纲之比，例如，某位移传感器在位移变化 1 mm时，输出电压变化为 200 mV，则其灵敏度表示为 200 mV/mm。当传感器的输出量和输入量的量纲相同时，灵敏度可理解为放大倍数。提高灵敏度，可得到较高的测量精度，但灵敏度越高，测量范围越窄，稳定性也往往越差。

2) 传感器的线性度

通常情况下，传感器的实际静态特性输出是一条曲线而非直线。在实际工作中，为使仪表具有均匀刻度的读数，常用一条拟合直线近似地表示实际的特性曲线，而线性度（非线性误差）就是这个近似程度的一个性能指标。拟合直线的选取有多种方法，如将零输入和满量程输出点相连的理论直线作为拟合直线；或将与特性曲线上各点偏差的平方和为最小的理论直线作为拟合直线，此拟合直线称为最小二乘法拟合直线。

$$E = +\Delta_{\max}/Y_{\mathrm{m}} \times 100\%$$

式中，$\Delta_{\max}$ 是实际曲线和拟合直线之间的最大差值；Y_{m} 为量程。

3) 传感器的分辨力

分辨力是指传感器可能感受到的被测量的最小变化的能力，也就是说，如果输入量从某一非零值缓慢变化，输入变化值未超过某一数值时，传感器的输出不会发生变化，则传感器是分辨不出此输入量的变化的，因此，只有当输入量的变化超过分辨力时，其输出量才会发生变化。

通常传感器在满量程范围内各点的分辨力并不相同，因此，常用满量程中能使输出量产生阶跃变化的输入量中的最大变化值作为衡量分辨力的指标。

4) 重复性

传感器在输入量按同一方向做多次全量程测试时，所得特性曲线不一致的程度即为重复性。

$$E_{\mathrm{z}} = +\Delta_{\max}/Y_{\mathrm{m}} \times 100\%$$

式中，$\Delta_{\max}$ 是多次测量曲线之间的最大差值；Y_{m} 是传感器的量程。

5）迟滞现象

传感器在正向行程(输入量增大)和反向行程(输入量减小)期间,特性曲线不一致的程度,即为迟滞现象。而闭合路径则称为滞环。

$$E_{max} = +\Delta_{max}/Y_m \times 100\%$$

式中,Δ_{max}是正向曲线与反向曲线之间的最大差值;Y_m是传感器的量程。

6）稳定性和漂移

传感器的稳定性分为长期和短期,其稳定性一般是指经过一段时间后,传感器的输出量和初始标定时的输出量之间的差值。通常用不稳定度来表征传感器输出的稳定程度。

传感器的漂移是指在外界干扰下,输出量出现与输入量无关的变化。漂移有很多种,如时间漂移和温度漂移等。时间漂移是指在规定的条件下,零点或灵敏度随时间发生变化;温度漂移是指随环境温度变化而引起的零点或灵敏度的变化。

3　课程的内容、任务和学习方法

传感器原理与检测技术涉及的内容比较广,包括信息的获得、测量方法、信号的变换、处理和显示、误差的分析、干扰的抑制、可靠性等问题。

由于传感器将被测量转换成电量的方法有很多,同时还有各种转换电路和显示装置,因此与传感器有联系的课程很多。直接与本课程有关的基础课程有《数学》、《电工技术》、《电子技术》以及《单片机技术》等,尤其与《电子技术》和《单片机技术》等课程的关系更为密切,因为传感器原理主要是基于各种物理现象和物理效应,各种转换电路主要是以电子技术为基础的,控制电路是以单片机为核心的。

通过本课程的学习需达到以下要求:

(1) 掌握常用传感器的工作原理、结构、性能,并能正确选用恰当的传感器;

(2) 熟悉测量误差的基本知识、传感器的基本转换电路和信号处理方法;

(3) 了解传感器的基本概念和检测系统的组成,对常用检测系统应具有一定的分析与维护能力;

(4) 了解抗干扰技术及检测系统的可靠性问题;

(5) 了解单片机在检测系统中的应用;

(6) 对工业生产过程中主要工艺参数的测量能提出合理的检测方案,具有正确选用传感器以及测量转换电路组成实用检测系统的初步能力。

学习本课程可参考以下方法:

(1) 着重理解传感器的基本原理以及解决信息检取和能量更换的基本思想方法;

(2) 注意传感部分与转换电路之间的联系,弄清楚转换电路的原理;

（3）利用互联网查找资料,加深理解,拓宽知识面。

◆思考与练习

0-1　什么是传感器?传感器由哪几部分组成?它在自动控制系统中起什么作用?

0-2　什么是传感器的静态特性?它由哪些技术指标描述?

0-3　有一台测量压力的仪表,测量范围为 $0\sim10$ MPa,压力 P 与仪表输出电压之间的关系为 $U_{o}=a_{o}+a_{1}P+a_{2}P^{2}$,式中 $a_{o}=1$ V,$a_{1}=0.6$ V/MPa,$a_{2}=-0.02$ V/MPa^{2}。试求:(1)该仪表的输出特性方程;(2)画出输出特性曲线;(3)该仪表的灵敏度表达式;(4)分别计算 $P_{1}=2$ MPa 和 $P_{2}=8$ MPa 时的灵敏度 K_{1}、K_{2}。

0-4　通过网络了解传感器的基本知识、应用和发展趋势。

项目一　温度检测与信号调理

◆**学习目标**

1. 了解温度传感器的分类；
2. 了解热电偶工作原理；
3. 了解集成温度传感器的特点；
4. 了解热电阻的工作原理；
5. 了解红外辐射的基本知识。

◆**项目描述**

温度检测的方法有很多，仅从测量体和被测介质接触与否可分为接触式测温和非接触式测温两大类。接触式测温是基于热平衡原理，测温敏感元件必须与被测介质接触，使两者处于同一热平衡状态，具有同一温度，如水银温度计、热电偶温度计等；非接触式测温是利用物质的热辐射原理，测温敏感元件不是与被测介质接触，而是通过接收被测物体发出的辐射热来判断温度，如辐射温度计、红外温度计等。目前工业上常用温度计及其测温原理、测温范围、使用场合等如表1-1所列。

表1-1　常用温度计一览表

测温方法	温度计分类	测温原理	测温范围/℃	使用场合
接触式	热电偶温度计	利用物体的热电性质	0～2 000	液体、气体、加热炉中高温，能远距离传送
	电阻温度计（热电阻、半导体热敏电阻）	利用导体或半导体受热后电阻值变化的性质	－200～500	液体、气体、蒸汽的中低温，能远距离传送
	压力式温度计（液体式、气体式）	利用封闭在固定体积中的气体、液体受热，其体积或压力变化的性质	0～300	用于测量易爆、有震动处的温度，传送距离不是很远
	膨胀式温度计（固体膨胀式的双金属温度计、液体膨胀式的玻璃温度计）	利用液体或固体受热产生热膨胀的原理	－200～700 0～300	用于轴承、定子等处的温度测量，输出控制信号或温度越限报警

测温方法	温度计分类	测温原理	测温范围/℃	使用场合
非接触式	辐射式高温计（光学高温计、辐射高温计、比色温度计）	利用物体辐射能的性质	700～3 000 800～3 500	用于测量火焰、钢水等，不能直接测量的高温场合

　　接触式温度计测温简单、可靠，且测量精度高，但由于测温元件需与被测介质接触并进行充分的热交换后才能达到热平衡，因而产生了滞后现象。另外，由于受到耐高温材料的限制，接触式温度计不能用于高温测量。而非接触式温度计因测温元件不与被测介质接触，因此测温范围广，原则上其测温上限不受限制，测温速度较快，且可对运动体进行测量，但非接触式温度计受到物体的发射率、被测对象到仪表之间的距离、烟尘和水汽等其他介质的影响，一般测温误差较大。

　　表 1-1 所示的各种测温计中，膨胀式温度计的结构和工作原理简单，多用于就地指示；辐射式温度计精度较差；而热电测温计则具有精度高、信号便于远距离传输等优点，因此，热电偶和热电阻温度仪表在工业生产中应用广泛。

任务 1　轧钢加热炉温度检测

◆任务背景

　　图 1-1 所示为轧钢加热炉。轧钢加热炉主要是把钢坯料加热到均匀的、适合轧制的温度。目前，钢铁企业轧钢系统采用的加热炉一般为两段式或三段式加热炉。其中三段式加热炉是普遍使用的一种炉型，它分为预热段、加热段和均热段。相对于两段式加热炉，三段式加热炉增加了均热段。如果要加工轴承钢，由于此钢种的导热性较差，在开坯或成材的轧前加热时速度不宜过快，钢坯

图 1-1　轧钢加热炉

入炉时的炉尾温度不宜过高，应小于 700 ℃，轴承钢的过烧温度约为 1 220 ℃，因此，一般的加热温度在 1 100～1 180 ℃ 之间为宜。若温度过低，则变形抗力较大，而温度过高则会出现过热和过烧等现象。所以，在轧钢过程中，需要对温度进行精确测量。根据轧钢加热

炉的温度范围,可选择热电偶来检测温度。

◆ **相关知识**

热电偶传感器是一种自发电式传感器,测量时无须外加电源,可直接将被测量转换成电势输出。热电偶传感器广泛用于测量-200~1 300 ℃范围内的温度,某些特殊热电偶可测温度最低达-269 ℃(如镍铬-金铁),最高可达+2 800 ℃(如钨-铼)。该传感器具有结构简单、价格便宜、准确度高、测温范围广等特点。由于热电偶将温度转化成电量进行检测,使温度的测量、控制,以及对温度信号的放大变换都很方便,适用于远距离测量和自动控制。在接触式测温法中,热电偶的应用最普遍。

1　热电偶的外形、特性及种类

1)常用热电偶的外形和特性

常用热电偶的外形和特性如表1-2所示。

扫一扫看常见
热电偶演示图片

表1-2　热电偶的外形和特性

热电偶名称	外　形	特　性
装配式热电偶		装配式热电偶作为测量温度的变送器,通常与显示仪表、记录仪表和电子调节器配套使用,它可以直接测量各种生产过程中从0 ℃到1 800 ℃范围的液体、蒸气、气体介质以及固体表面的温度。
隔爆式热电偶		隔爆式热电偶在化学工业自控系统中应用极广。由于在化工厂、生产现场常伴有各种易燃、易爆等化学气体、蒸气,如果使用普通的热电偶非常不安全,极易引起环境气体爆炸,因此,在这些场所必须使用隔爆式热电偶作为温度传感器。
压簧式热电偶		压簧式热电偶通过压簧将热电偶端部与被测物的表面紧贴,以提高测量的可靠性和准确性,它与显示仪表等配套使用,可直接测量0~400 ℃范围内的温度,适用于塑料挤出机、轻纺、食品等工业领域。

热电偶名称	外　形	特　性
铠装式热电偶		铠装式热电偶具有能弯曲、耐高压、热响应时间快和坚固耐用等优点,通常和显示仪表、记录仪表和电子调节器配套使用,同时亦可作为装配式热电偶的感温元件。它可以直接测量各种生产过程中从 0～800 ℃范围内的液体、蒸气、气体介质以及固体表面的温度。

2) 热电偶的种类

标准型热电偶是指国家标准规定的其热电势与温度的关系、允许误差,并有统一的标准分度表的热电偶。我国从 1991 年开始采用国际计量委员会规定的"1990 年国际温标"(简称 ITS—90)的新标准。ITS—90 同时使用国际开尔文温度($T90$)和国际实用摄氏温度($t90$),其单位分别是 K 和℃,换算公式为:$t90 = T90 - 273.15$。按照 ITS—90 标准,共有 8 种标准化的通用热电偶,如表 1-3 所示。表中所列的热电偶,写在前面的热电极为正极,后面的为负极。

表 1-3　国际通用热电偶及其基本特性

名　称	分度号[2]	测温范围/℃	100 ℃时的热电势/mV	1 000 ℃时的热电势/mV	特　点
铂铑$_{30}$-铂铑$_6$[1]	B	50～1 820	0.033	4.834	熔点高,测温上限高,性能稳定,准确度高,100 ℃以下热电势极小,所以可不必考虑冷端温度补偿;价格昂贵,热电势小,线性差;只适用于高温域的测量
铂铑$_{13}$-铂	R	−50～1 768	0.647	10.506	使用上限较高,准确度高,性能稳定,重复性好,但热电势较小,不能在金属蒸气和还原性气体中使用,在高温下连续使用时,其特性会逐渐变坏,价格昂贵;多用于精密测量
铂铑$_{10}$-铂	S	−50～1 768	0.646	9.587	优点同铂铑-铂型热电偶;但性能不如 R 型热电偶;曾作为国际温标的法定标准热电偶
镍铬-镍硅	K	−270～1 370	4.096	41.276	热电势大,线性好,稳定性好,价格低廉;但材质较硬,1 000 ℃以上长期使用会引起热电势漂移;多用于工业测量
镍铬硅-镍硅	N	−270～1 300	2.744	36.256	一种新型热电偶,各项性能均比 K 型热电偶好,适宜于工业测量

名　称	分度号②	测温范围/℃	100 ℃时的热电势/mV	1 000 ℃时的热电势/mV	特　点
镍铬－铜镍（锰白铜）	E	－270～800	6.319	—	热电势要比 K 型热电偶大 50% 左右,线性好,耐高湿度,价格低廉;但不能用于还原性气体;多用于工业测量
铁－铜镍（锰白铜）	J	－210～760	5.269	—	价格低廉,在还原性气体中较稳定;但纯铁易被腐蚀和氧化;多用于工业测量
铜－铜镍（锰白铜）	T	－270～400	4.279	—	价格低廉,加工性能好,离散性小,性能稳定,线性好,准确度高;铜在高温时易被氧化,测温上限低;多用于低温域测量,可作为－200～0 ℃温度范围的计量标准

注:① 分度号是用来反映温度传感器(热电偶)在测量温度范围内温度变化对应传感器电压或者阻值变化的标准数列。分度表是指在热电偶自由端(冷端)温度为 0 ℃时,热电偶工作端(热端)温度与输出热电势之间的对应关系的表格。本教材列出了工业中常用的镍铬-镍硅(K)热电偶的分度表,参见附录 A。
② 铂铑$_{30}$表示该合金含 70% 的铂和 30% 的铑,以下类推。

2　热电偶的工作原理

1) 热电效应

1821 年,德国物理学家赛贝克(T. J. Seebeck)用 2 种不同金属组成闭合回路,并用酒精灯加热其中一个接触点(称为结点),发现回路中的指南针发生偏转,如图 1－2(a)所示。如果用两盏酒精灯对两个结点同时加热,指南针的偏转角反而减小。显然,指南针的偏转说明了回路中有电动势产生,并有电流在回路中流动,电流的强弱与两个结点的温差有关。

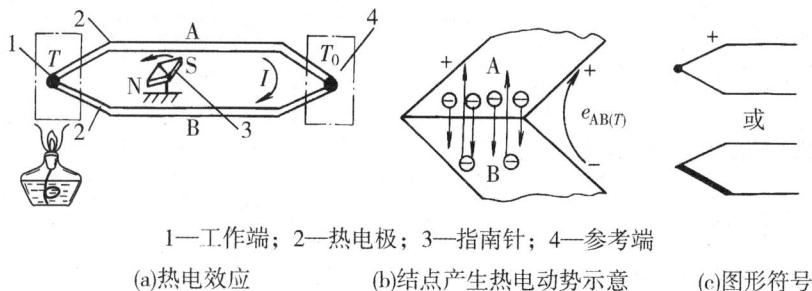

1—工作端;2—热电极;3—指南针;4—参考端

(a)热电效应　　　　(b)结点产生热电动势示意　　　　(c)图形符号

图 1－2　热电偶原理图

当两个结点温度不相同时,回路将产生电动势,这种物理现象称为热电效应。两种不同材料的导体所组成的回路称为热电偶,组成热电偶的导体称为热电极,热电偶所产生的电动势称为热电动势（以下简称热电势）。热电偶的两个结点中，置于温度为 T（也可以为摄氏温度 t）的被测对象中的结点称之为测量端，又称为工作端或热端；而置于参考温度为 T_0（也可以为摄氏温度 t_0）的另一结点称之为参考端，又称自由端或冷端。

2）热电动势

热电动势由两种导体的接触电动势和单一导体的温差电动势两部分组成。热电动势示意图如图 1-3 所示。

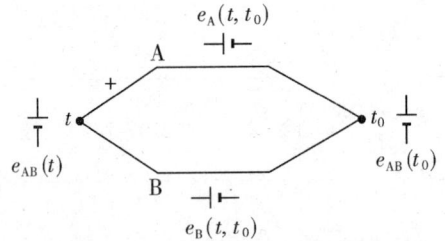

接触电动势是两种不同材料的导体（A、B）接触时，由于两导体的自由电子密度不同，假设 A导体自由电子密度大于 B 导体的自由电子密度，

图 1-3　热电偶热电动势示意图

则 A 导体的自由电子向 B 扩散，形成 A 到 B 的电场。在电场作用下，电子反方向运动，当达到动态平衡时，A 与 B 之间的电位差就是接触电动势。

温差电动势是指单一导体（A 或 B），其两端分别置于不同的温度 t、t_0 时，假设 t 大于t_0，则热端 t 温度处的自由电子向冷端 t_0 温度处移动，形成热端指向冷端的静电场。在电场作用下，电子反方向运动，当达到动态平衡时，热端与冷端之间的电位差为温差电动势。

由图 1-3 可知，热电偶电路中产生的总热电动势为：

$$E_{AB(t,t_0)} = e_{AB(t)} - e_{AB(t_0)} - e_{A(t,t_0)} + e_{B(t,t_0)} \tag{1-1}$$

式中，$E_{AB(t,t_0)}$ 为热电偶电路中的总热电动势；$e_{AB(t)}$ 为热端接触电动势；$e_{AB(t_0)}$ 为冷端接触电动势；$e_{AB(t,t_0)}$ 为 A 导体的温差电动势；$e_{B(t,t_0)}$ 为 B 导体的温差电动势。

由于温差电动势比接触电动势小很多，可忽略不计，因此，总热电动势：

$$E_{AB(t,t_0)} = e_{AB(t)} - e_{AB(t_0)} \tag{1-2}$$

对于已选定的热电偶，当参考端温度 t_0 恒定时，$e_{AB(t_0)}$ 为常数，则总的热电动势就只与热端温度 t 成单值函数关系。

3　热电偶的基本定律

1）中间导体定律

在热电偶回路中接入第三种导体，只要第三种导体的两端温度相同，则回路总的热电动势不变。同样，在热电偶回路中插入第四、第五、…，第 n 种导体，只要插入导体的两端温度相等，且插入导体是匀质的，都不会影响原来热电偶热电动势的大小。这种性质在实际应用中有着重要的意义，即可以方便地在回路中直接接入各种类型的仪表，也可以将热电偶的两端不焊接而直接插入液态金属中或直接焊接在金属表面进行温度测量。

2）中间温度定律

在热电偶测量回路中,测量端温度为t,自由端温度为t_0,中间温度为t'_0,则t、t_0的热电势等于t、t'_0与t'_0、t_0的热电势的代数和(图$1-4$),这就是中间温度定律。即:

$$E_{AB}(t,t_0)=E_{AB}(t,t'_0)+E_{AB}(t'_0,t_0) \tag{1-3}$$

该定律表明,选用与A、B热电偶特性相近的廉价的热电偶代替t'_0t_0段的热电偶,便可使测量距离增长,测温成本降低,而且不受原热电偶自由端温度t'_0的影响。即在实际测量中,对冷端温度进行修正,运用补偿导线延长测温距离,消除热电偶自由端温度变化影响。

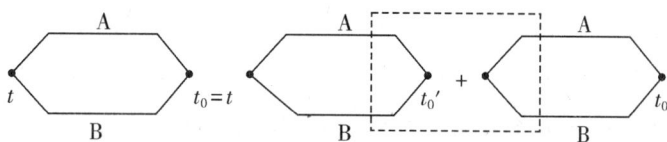

图 1 - 4　中间温度定律示意图

3）标准电极定律

如果两种导体A、B分别与第三种导体C组成的热电偶所产生的热电动势已知,则由A、B导体组成的热电偶所产生的热电动势也就已知,该定律就称为标准电极定律。

如图$1-5$所示,导体A、B与标准电极C组成的热电偶,若它们产生的热电动势已知,即:

$$E_{AB}(t,t_0)=E_{AC}(t,t_0)+E_{CB}(t,t_0), \tag{1-4}$$

$$E_{AB}(t,t_0)=E_{AC}(t,t_0)+E_{CB}(t,t_0)。 \tag{1-5}$$

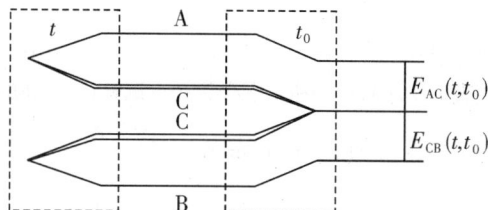

图 1 - 5　标准电极定律示意图

参考电极定律大大简化了热电偶选配电极的工作,只要获得有关热电极与参考电极配对的热电动势,那么任何两种热电极配对时的电动势均可利用该定律计算,而不需要逐个进行测定。

例 1.1　当T为100 ℃,T_0为0 ℃时,铬合金-铂热电偶的$E(100℃,0℃)=+3.13\ mV$,铝合金-铂热电偶$E(100℃,0℃)$为$-1.02\ mV$,求铬合金-铝合金组成热电偶的热电势$E(100℃,0℃)$。

解:设铬合金为A,铝合金为B,铂为C。

即　$E_{AC}(100\ ℃,0\ ℃)=+3.13\ mV,E_{BC}(100\ ℃,0\ ℃)=-1.02\ mV,$

则　$E_{AB}(100\ ℃,0\ ℃)=+4.15\ mV。$

4　热电偶冷端补偿方法

为使热电动势与被测温度间呈单值函数关系,需要将热电偶冷端的温度保持恒定。由于热电偶的分度表是在其冷端温度 $t_0=0\ ℃$ 条件下测得的,所以只有在满足 $t_0=0\ ℃$ 的条件下,才能直接应用分度表,但在实际中,热电偶的冷端通常靠近被测对象,且受到周围环境温度的影响,其温度不是恒定不变的。为此必须采用一些措施进行补偿或者修正,常用的补偿方法有以下几种。

1) 0 ℃恒温法

将热电偶的冷端置于装有冰水混合物的恒温器内,使冷端温度保持 0 ℃不变,此法又称冰浴法。该方法消除了 t_0 不等于 0 ℃而引入的误差,通常用于实验室或精密的温度检测。图 1-6 是冰浴法的示意图。

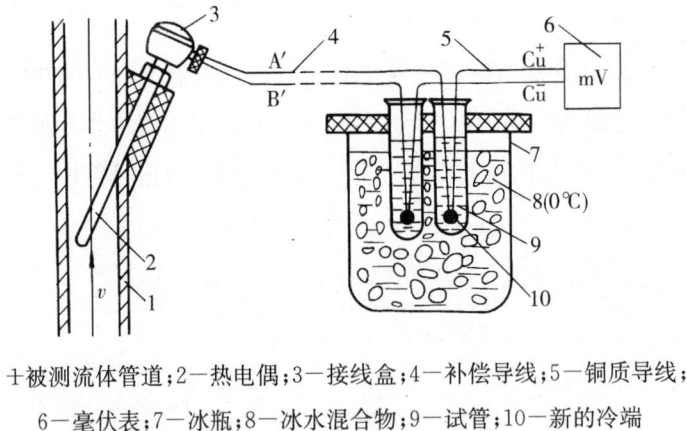

1—被测流体管道;2—热电偶;3—接线盒;4—补偿导线;5—铜质导线;
6—毫伏表;7—冰瓶;8—冰水混合物;9—试管;10—新的冷端

图 1-6　冰浴法示意图

2) 补偿导线法

实际测温时,由于热电偶长度有限,自由端温度将直接受到被测物温度和周围环境温度的影响。工业中一般采用补偿导线来延长热电偶的冷端,使其远离被测物。

补偿导线实际上是一对化学成分不同的导线,在 0~150 ℃温度范围内与配接的热电偶有一致的热电特性,具有延长热电偶的作用,这样就将热电偶的冷端延伸到温度恒定的场合(如仪表室、控制室),其实质是相当于将热电极延长。根据中间温度定律,只要使热电偶和补偿导线的两个接点温度保持一致,就不会影响热电动势的输出。补偿导线与热电极连接时,正极应当接正极,负极接负极,极性不能接反,否则会造成更大的误差。利用补偿导线延长热电偶的冷端方法如图 1-7 所示。

(a) 补偿导线结构

(c) 补偿导线的外形

1—测量端; 2—热电极; 3—接线盒1; 4—补偿导线;
5—接线盒2(新的冷端); 6—铜引线; 7—毫伏表

(b) 接线图

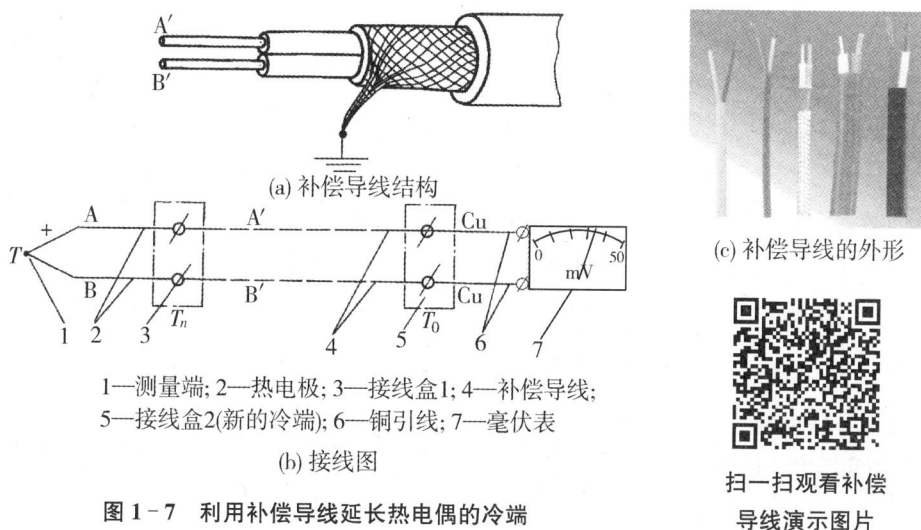

图 1-7　利用补偿导线延长热电偶的冷端

扫一扫观看补偿
导线演示图片

使用补偿导线(A'、B')的好处:① 将自由端从温度波动区 t_n 延长至补偿导线末端的温度相对稳定区 t_0,使指示仪表的示值(毫伏数)变得稳定。② 购买补偿导线比使用相同长度的热电极(A、B)便宜许多,可节约大量贵金属。③ 补偿导线多是采用铜及铜的合金制作,单位长度的直流电阻零比直接使用很长的热电极小得多,因此,可减小测量误差。④ 由于补偿导线通常用塑料作绝缘层,其自身又是较柔软的铜合金多股导线,所以易弯曲,便于敷设。

必须指出的是,使用补偿导线仅能延长热电偶的冷端,虽然在多数情况下总的热电动势要比不用补偿导线时有所提高,但是从本质上看,这并不是因温度补偿引起的,而是由于远离高温区、两端温差变大的缘故,故其称为"补偿导线"只是一种习惯用语。常用的热电偶补偿导线如表 1-4 所示,其中补偿导线型号第一个字母与热电偶分度号对应,字母"X"表示延伸型补偿导线,字母"C"表示补偿型补偿导线。

表 1-4　常用补偿导线

补偿导线型号	配用热电偶分度号	补偿导线材料		绝缘层颜色	
		正极	负极	正极	负极
SC	S(铂铑$_{10}$-铂)	铜	镍铜	红	绿
KC	K(镍铬-镍硅)	铜	康铜	红	(黄)
KX	K(镍铬-镍硅)	镍铬	镍硅	红	黑
EX	E(镍铬-康铜)	镍铬	康铜	红	蓝
JX	J(铁-康铜)	铁	康铜	红	紫
TX	T(铜-康铜)	铜	康铜	红	白

3) 计算修正法

当冷端温度 t_0 保持恒定,但不等于 0 ℃时,可采用计算修正法,以对热电偶回路的测量热电动势 $E_{AB}(t,t_0)$ 加以修正。

根据中间温度定律:$E_{AB}(t,0)=E_{AB}(t,t_0)+E_{AB}(t_0,0)$。若测得热电偶输出热电势 $E(t,t_0)$ 的数值,再由冷端温度 t_0 查分度表得到冷端温度对应的热电势 $E(t_0,0)$,即可求得 $E_{AB}(t,0)$,再查分度表就能得到被测温度 t。

例 1.2　用镍铬-镍硅热电偶测量加热炉温度,已知冷端温度 $t_0=30$ ℃,测得热电势 $E_{AB}(t,t_0)$ 为 33.29 mV,求加热炉的温度?

解:先由镍铬-镍硅热电偶分度表查得:$E_{AB}(30,0)=1.203$ mV。

根据中间温度定律可得:$E_{AB}(t,0)=E_{AB}(t,t_0)+E_{AB}(t_0,0)=33.29+1.203=34.493$ mV,

再查镍铬-镍硅热电偶分度表得:$t=829.8$ ℃,即为实际炉温。

4) 电桥补偿法

电桥补偿法是利用不平衡电桥产生的电势,补偿热电偶因冷端温度无法恒定而引起的热电势变化值。补偿电桥现已标准化。

补偿电桥(冷端温度补偿器)的作用:在冷端温度变化时,提供一个与热电偶冷端变化引起的热电势变化大小相等,但极性相反的补偿电势,使得测量电路输出热电势不受冷端温度变化的影响。如图 1-8 所示,热电偶回路中串接电桥,桥臂电阻 R_1、R_2、R_3 和限流电阻 R_4 是由温度系数很小的锰铜丝绕制,阻值几乎不随温度变化,电阻 R_T 是由温度系数较大的铜丝绕

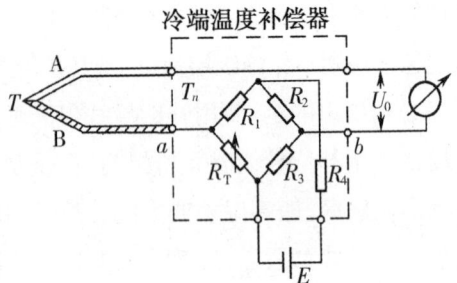

图 1-8　电桥补偿法原理图

制,随温度升高而增大。R_T 与冷端温度相同,当冷端温度 $T_n=0$ ℃时,电桥平衡,$U_{ab}=0$,补偿电桥不起作用;当 $T_n>0$ 时,$E_{AB}(T,T_n)$ 将减小,而同时 R_T 增大,电桥失去平衡,$U_{ab}>0$,若把 U_{ab} 的增加与 $E_{AB}(T,T_n)$ 的减小设计的相同,则总输出保持不变,从而实现补偿。

采用补偿电桥法必须注意下列几点:补偿器接入测量系统时,正负极性不可接反;显示仪表的机械零位应调整到冷端温度补偿器设计时的平衡温度,如补偿器是按 $t_0=10$ ℃时电桥平衡设计的,则仪表机械零位应调整到 10 ℃处;因热电偶的热电势和补偿电桥输出电压两者随温度变化的特性不完全一致,故冷端补偿器在补偿温度范围内得不到完全补偿,但误差很小,能满足工业生产需要。

5) 仪表机械零点调整法

对于具有零位调整的显示仪表而言,如果热电偶冷端温度 t_0 较为恒定时,可采用测温

系统未工作前,预先将显示仪表的机械零点调整到已知的冷端温度值上。这相当于把热电势修正值 $E(t_0, 0)$ 预先加到显示仪表上,当此测量系统投入工作后,显示仪表的示值就是实际的被测温度值。使用时要注意:当气温变化时,由于 t_0 变化,应及时调整指针的位置。

6) 利用半导体集成温度传感器补偿法

AD590 是一种应用广泛的电流型集成温度传感器,其灵敏度为 $1\ \mu A/K$,即温度每升高 $1\ K$,电流增加 $1\ \mu A$。图 1-9 为一简单测温电路。将 AD590 串联一个可调电阻,并在已知温度下调整电阻值,使输出电压 U_{out} 满足 $1\ mV/K$ 的关系(如 20 ℃时,U_{out} 应为 293.2 mV)。调整好后,固定可调电阻即可由 U_{out} 读出 AD590 所处的热力学温度。

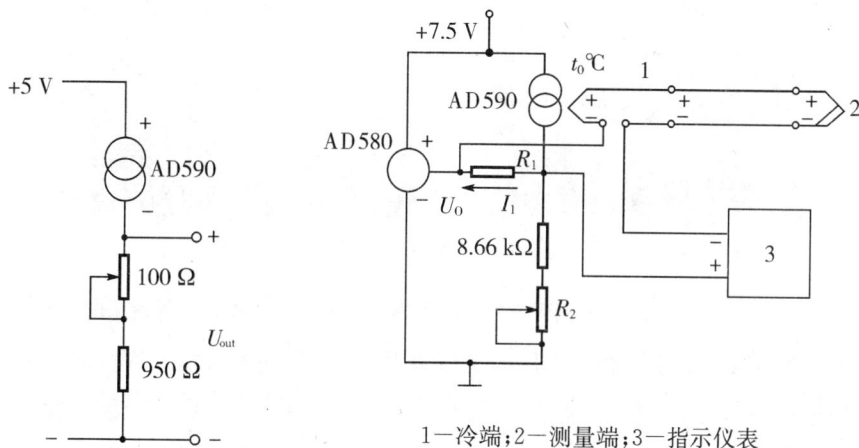

图 1-9 AD590 简单测温电路

1—冷端;2—测量端;3—指示仪表

图 1-10 采用 AD590 的热电偶冷端补偿电路

AD590 用于热电偶冷端补偿电路如图 1-10 所示。AD590 应与热电偶冷端处于同一温度下。三端稳压器 AD580 的输出电压 $U_0 = 2.5\ V$,由于 R_1 阻值较小,所以 R_2 上的电流为 $2.5\ V/9\ k\Omega \approx 273.2\ \mu A$。如果 t_0 为 20 ℃,则流过 AD590 的电流为 293.2 μA,$I_1 = 293.2 - 273.2 = 20\ \mu A$,这样在电阻 R_1 上产生一个随冷端温度 t_0 变化的补偿电压 $U_1 = I_1 R_1$。如果热电偶为镍铬-镍硅 K 型,查分度表可知工作端温度为 20 ℃时,其热电动势为 0.798 mV,这就是应补偿的电压值。所以 R_1 取 40 Ω(0.798 mV/20 $\mu A \approx 40\ \Omega$)就能满足补偿要求,仪表上的读数就是热电偶的热电动势与 R_1 上的电压之和。注意不同分度号的热电偶,R_1 的阻值是不同的。这种补偿电路具有灵敏、准确、可靠和调整方便等特点。

5 热电偶的使用及配套仪表

由于我国生产的热电偶均符合 ITS—90 标准,所以国家又规定了与每种标准热电偶配套的仪表。下面介绍其中的一种配套仪表——SG-808 系列智能型温控仪表。

1) SG-808 系列智能型温控仪表

SG-808 系列仪表中包含有 20 多种传感器的控制功能,用户可以根据需要选择对应量程的传感器连接到仪表上,再在仪表的菜单中设置相应的传感器分度号,无需对仪表选型。仪表的主控输出为三相移相触发调压双向可控硅(SCR)或可控硅模块信号,也就是说需要在仪表外接 3 个双向可控硅或 6 个单向可控硅作为执行器。

仪表的外形图如图 1-11(a)所示,其接线端子图如图 1-11(b)所示。

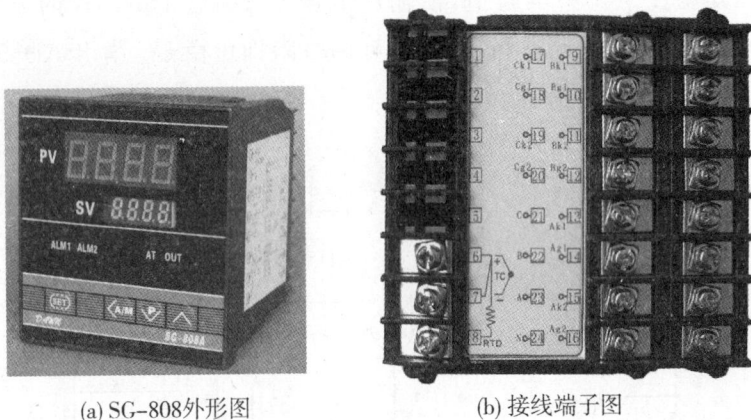

(a) SG-808外形图　　　　(b) 接线端子图

图 1-11　与热电偶配套的标准仪表 SG-808 外形图与接线端子图

在工业控制上,又将传感器叫作一次仪表,而把控制仪表叫作二次仪表。二次仪表的主要作用是把现场传感(变送)器传递来的信号进行干扰滤除、放大、非线性校正等处理后,尽可能以精确和直观的形式将信号还原至温度、压力、流量、位移等物理值,供用户及时了解现场各种参量的当前值和变化过程。同时根据需要,将现场信号值与设定值进行比较运算等处理,输出相应的无源触点切换、电流、电压或驱动脉冲等调节、控制信号给执行器。基于热电偶的温度控制系统示意图如图 1-12 所示。SG-808 的端子具体接线图如图 1-13 所示。

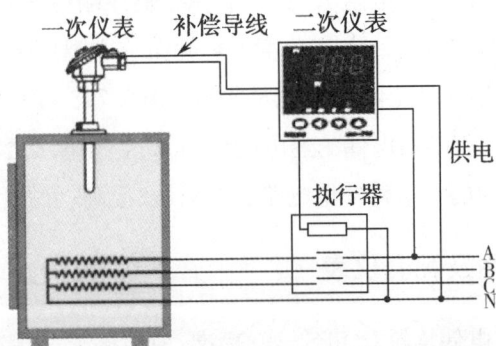

图 1-12　基于热电偶的温度控制系统示意图

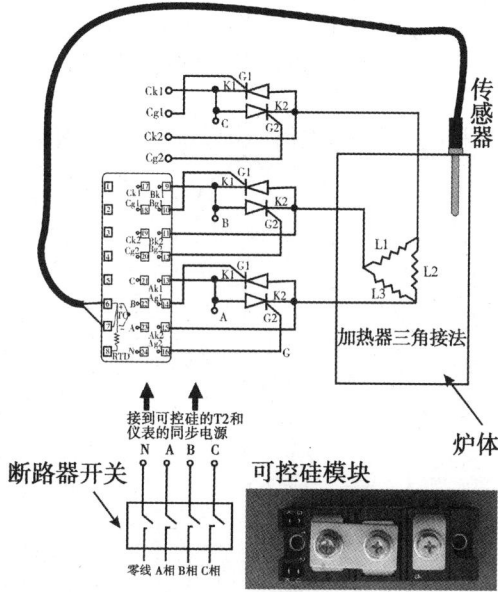

图 1 - 13　SG - 808 端子具体接线图

2) 热电偶的安装须知

安装热电偶应考虑有利于测温准确,安全可靠和维修方便,且不影响设备运行和生产操作。在选择对热电偶的安装部位和插入深度时要注意以下几点:

(1) 为了使热电偶的测量端与被测介质之间有充分的热交换,应合理选择测量点位置,尽量避免在阀门、弯头、管道和设备的死角附近装设热电偶或热电阻。

(2) 带有保护套管的热电偶有传热和散热损失,为了减少测量误差,热电偶应该有足够的插入深度。

① 对于测量管道中心流体温度的热电偶,一般都应将其测量端插入到管道中心处(垂直安装或倾斜安装);

② 对于高温、高压和高速流体的温度测量(如主蒸气温度),为了减小保护套对流体的阻力和防止保护套在流体作用下发生断裂,可采取保护管浅插方式或采用热套式热电偶。浅插式的热电偶保护套管,其插入主蒸气管道的深度应不小于 75 mm,热套式热电偶的标准插入深度为 100 mm;

③ 假如需要测量是烟道内烟气的温度,尽管烟道直径为 4 m,热电偶或热电阻插入深度 1 m 即可;

④ 当测量原件插入深度超过 1 m 时,应尽可能垂直安装,或加装支撑架和保护套管。

◆拓展知识

基于冷端补偿和非线性校正的热电偶信号调理电路

带冷端补偿和非线性校正的热电偶输出信号调理电路如图 1-14 所示。

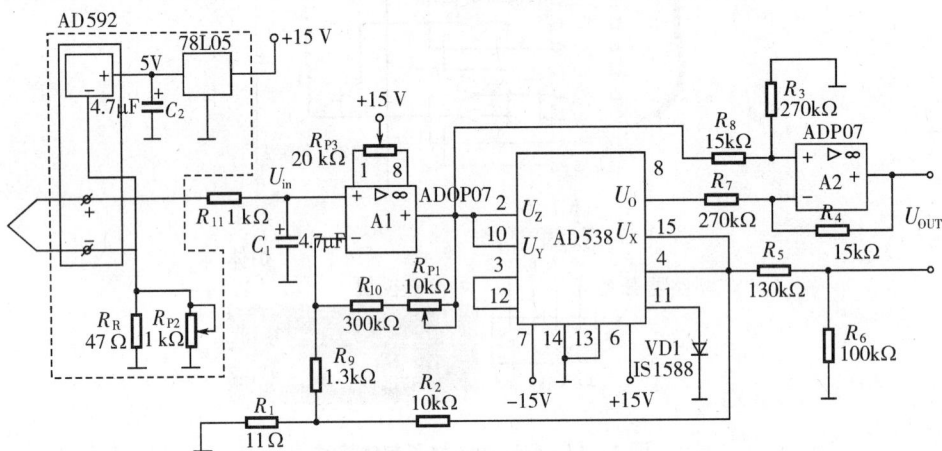

图 1-14　带冷端补偿和非线性校正的热电偶应用电路

1　冷端补偿

采用电流型集成温度传感器 AD592(与 AD590 基本相同)进行冷端补偿。在 0 ℃时，AD592 输出电流为 273.2 μA，灵敏度为 1 μA/℃。

对于 K 型热电偶，在 25 ℃中心范围，具有 40.44 μV/℃的温度系数。AD592 输出电流在电阻 R_R 上转换为补偿电压。当环境温度为 t ℃时，适当调整 R_{p2}，使得 R_R 上的压降为$(273.2+t)$ μA×40.44 Ω，其中，t μA×40.44 Ω 提供 40.44 μV/℃的冷端补偿，另一项$(273.2$ μA×40.44 Ω)使热电偶正极对地存在 11.05 mV 的误差电压，解决方法是在运算放大器 OP07 的反相输入部分加偏置电压相抵消。在电路中，通过 AD538 的 4 引脚输出 10 V 电压，经 R_1 和 R_2 分压，因 R_1=11 Ω，R_2=10 kΩ，故 R_1 上的压降约为 11 mV，从而可抵消误差电压。

2　非线性校正

由于热电偶的输出电压很低，只有几十 μV/℃，因此，需采用低失调电压的运算放大器进行放大。从附录 A 的热电偶分度表中可知，K 型热电偶在 0 ℃时产生的热电动势为 0 mV，600 ℃时产生的热电动势为 24.902 mV。如果热电偶电路在 0～600 ℃范围内的输出电压为 0～6.0 V,则放大器的放大倍数应设置为 6 000/24.902≈240.944 5,灵敏度可达到 10 mV/℃。K 型热电偶是各类热电偶中线性最好的一种,但仍具有非线性。当温度为 300 ℃时,电路输出电压为 12.207 mV×240.944 5=2.941 V,仪表指示为294.1 ℃,产生－6 ℃的误差,即最大非线性误差为－6/300＝－2%。这是由热电偶自身的非线性造成的,因此,热电偶在应用时还要进行非线性校正。

在热电偶应用电路中,最难的就是非线性校正电路。实现非线性校正的方法有很多,这里介绍基于最小二乘法的多项式线性化。

热电偶的热电动势可近似表示为:

$$E_{AB}(t,0)=a_0+a_1t+a_2t^2+\cdots+a_Na^N \tag{1-6}$$

实现高次幂运算的电路就可构成非线性校正电路。幂次越高,精度也越高,但电路复杂,响应也慢。实际上只要取到 2 次幂就可以获得足够的精度。

参考附录C基于 MATLAB 最小二乘法的拟合过程,K 型热电偶放大电路输出 600 mV 时的 2 次幂近似校正计算式可表达为:

$$U_{out}=-0.679\ 9+24.991\ 0U_{in}-0.034\ 8U_{in}^2(mV) \tag{1-7}$$

将 600 ℃时的热电势 $U_{in}=24.902$ mV 代入式(1-7)中,得到输出 $U_{out}=600.066$ mV,要得到满量程时 6 V 的输出,将式(1-7)扩大 10 倍后得到:

$$U_{out}=-6.799+249.910U_{in}-0.348U_{in}^2(mV) \tag{1-8}$$

根据式(1-8)可验证,当温度为 300 ℃时,$U_{in}=12.207$ mV,$U_{out}=2\ 991.996$ mV,对应温度相当于 299.2 ℃,误差为－0.8/300≈－0.3%;而温度为 600 ℃时,$U_{in}=24.902$ mV,$U_{out}=6\ 000.66$ mV,对应温度相当于 600.066 ℃,误差为 0.066/600＝0.011%,从而完成热电偶非线性校正。

式(1-8)就相当于给出具有非线性校正的热电偶测温电路输入、输出表达式。电路中使用了 AD538 实现乘法,它有 U_X、U_Y 和 U_Z 3 个输入,可输出 $U_0=U_Y(U_Z/U_X)^m$ 的函数关系(当 AD538 的 18 引脚、17 引脚不外接电阻时,$m=1$)。

适当调整 R_p,使运放 A1 的放大倍数为 249.910,则 $U_R=249.910U_{in}$,式(1-8)可改写成:

$$U_{out}=-6.799+U_R-5.57\times10^{-6}\times U_R^2(mV) \tag{1-9}$$

根据图 1-14 中的连接方式,AD538 的输入 $U_Y=U_Z=U_R$,$U_X=10$ V,$m=1$,其输出 $U_0=U_R^2/10$ V$=U_R^2/10\ 000$ mV,将其代入式(1-9)得到:

$$U_{out}=-6.799+U_R-0.055\ 7U_o(mV) \tag{1-10}$$

式(1-10)中的常数项 6.799 mV 是 AD538 第 4 脚输出 10 V 电压通过 R_5 和 R_6(约为 88 Ω)的分压后获得的;其他两项是运放 A2 的输出。运放 A2 接为差动形式,两个输入电压分别是运放 A1 的输出 U_R 和 AD538 的输出 U_o,经推导 A2 输出应为 $U_R[(1+R_4/R_7)R_3]/(R_8+R_3)-U_o(R_4/R_7)$。由于 $R_4/R_7=15$ kΩ/270 kΩ=0.055 7,$R_4/R_7=R_8/R_3$,所以$[(1+R_4/R_7)R_3]/(R_8+R_3)=1$,运放 A2 的输出为 $U_R-0.055 7U_o$。

通过上述分析可知,图 1-14 所示的带冷端补偿和非线性校正的热电偶应用电路达到了预期目的。

任务 2　管道温度检测

◆任务背景

管道中的气体、石油、水等介质无不与人们的生活密切相关。管道输送介质的温度高低与输送压力一样,也直接影响到介质输送的安全。高温管道除在泄漏后易造成烫伤事故外,其管道与设备表面也有可能因温度过高而需采用隔热措施。一般管道在隔热后,其防烫温度为 60 ℃。输送介质温度的变化还将对管道材料产生较大影响,过高的介质温度会使管道材料强度降低,屈服极限下降并可能产生蠕变(缓慢变形)。通常碳钢在 300~350 ℃,低合金钢在 400~450 ℃温度时应考虑蠕变问题。过低的温度材料将产生脆变,容易造成管道的脆性断裂,引发事故。不同的材质,具有不同的使用温度下限值。此外,在使用法兰垫圈等附件时,也受到介质温度高低的影响,不同的温度则应选用不同的管道附件。

一般压力管道的温度状况如下:

(1) 长输管道。天然气长输管道的介质温度较低,压缩机出口控制温度一般为 60 ℃。由于天然气长输管道一般为埋地铺设,因此,介质温度即为地温。石油长输管道的介质温度应随原油的性质决定,一般长输管道站的操作温度不高于 200 ℃。长距离输油管道为埋地铺设,为降低介质黏度,减少摩阻损失,沿途应加热,其温度应低于长输管道站出口温度。

(2) 城镇燃气管道。介质为常温输送,压缩机出口温度一般为 40 ℃,埋地管道为地温。

(3) 城镇热力管道。城镇热力管道根据热载体不同而异,供热介质为热水时,温度不高于 200 ℃,供热介质为蒸气时,温度不高于 350 ℃。

(4) 工业管道。工业管道的介质温度变化范围很大,有的工业管道的介质温度可高达 600 ℃,也有的介质温度可低达-200 ℃。

因此,在管道设计时应合理选材,正确计算,采取可靠的安全措施,以保证管道与设备的安全运行。根据管道温度的检测范围,可选择热电阻传感器进行测温,如图 1 - 15 所示。其安装要求类似于热电偶的安装要求。

压力传感器
流量传感器
温度传感器

扫一扫观看管道
温度检测演示图片

图 1 - 15　管道温度检测

◆ 相关知识

热电偶温度计适用于测量 500 ℃ 以上的较高温度,对于 500 ℃ 以下的中、低温,使用热电偶测温有时就不一定恰当,其原因为:第一,在中、低温区热电偶输出的热电动势很小,因此测量电路的抗干扰措施要求高,否则难以准确测量;第二,在较低的温度区域,因一般方法不易得到全补偿,因此冷端温度的变化和环境温度的变化所引起的相对误差就显得特别突出。所以,中、低温区一般是使用热电阻进行测量。

1　热电阻的外形、种类

常用热电阻的外形、种类与热电偶相似。热电阻从原理上讲是两根线,但实际应用中,为消除线路电阻的影响,一般会按三线或四线的方式进行接线,另外,热电偶的偶丝有极性,即有正负电位之分,而热电阻的导线则没有极性。

2　热电阻工作原理

K 热电阻传感器是利用导体或半导体的电阻值随温度变化而变化的原理测温的。用金属或半导体材料作为感温元件的传感器,分别称为金属热电阻和热敏电阻。而热电阻传感器分为金属热电阻和半导体热电阻两大类,一般把金属热电阻称为热电阻,而把半导体热电阻称为热敏电阻。这里特指金属热电阻。目前最常用的热电阻有铂热电阻和铜热电阻。其中铂热电阻的测量精确度最高,它不仅广泛应用于工业测温,而且被制成标准的基准仪。

一般金属导体具有正的电阻温度系数,电阻率随着温度的上升而增加。铂热电阻的特性方程在 $-200\sim0\ ℃$ 的温度范围内为:

$$R_1=R_0[1+At+Bt^2+C(t-100)t^3] \tag{1-11}$$

在 $0\sim850\ ℃$ 的温度范围内:

$$R_t=R_0(1+At+Bt^2) \tag{1-12}$$

式中,R_t 和 R_0 分别为 $t\ ℃$ 和 $0\ ℃$ 时的铂电阻值;A、B 和 C 为常数,其数值分别为:

$$A=3.968\ 4\times10^{-3},$$
$$B=-5.847\times10^{-7},$$
$$C=-4.22\times10^{-12}。$$

由式(1-12)可知,$t=0\ ℃$ 时,铂电阻值为 R_0。目前我国规定工业用铂热电阻有 $R_0=10\ \Omega$ 和 $100\ \Omega$ 两种,其分度号分别为 Pt_{10} 和 Pt_{100},其中以 Pt_{100} 为最常用。铂热电阻不同分度号亦有相应分度表,即 R_t-t 的关系表。在实际测量中,只要测得热电阻的阻值 R_t,便可从分度表上查出对应的温度值。

由于铂是贵重金属,在一些测量精度要求不高且温度较低的场合,可采用铜热电阻进行测温,其测量范围为 $-50\sim+150\ ℃$。

铜热电阻在测量范围内其电阻值与温度的关系几乎是线性的,可近似地表示为:

$$R_t=R_0(1+\alpha t)$$

式中,R_t 和 R_0 分别为 $t\ ℃$ 和 $0\ ℃$ 时的铜热电阻值;α 为常数,取 $\alpha=4.28\times10^{-3}$。

铜热电组的两种分度号分别为 $Cu_{50}(R_0=50\ \Omega)$ 和 $Cu_{100}(R_0=100\ \Omega)$,铜热电阻线性好,价格便宜,但易氧化,不适宜在腐蚀性介质或高温下应用。

3 正确使用热电阻测温

热电阻的测量方法有恒压法和恒流法两种。恒压法是保持热电阻两端的电压恒定,测量电流变化的方法;恒流法是保持流经热电阻的电流恒定,测量其两端电压的方法。恒压法的电路简单,并且组成桥路就可进行温漂补偿,使用广泛,但电流与铂热电阻的阻值变化成反比,当用于很宽的测温范围时,要特别注意线性化问题。恒流法的电压与铂热电阻的阻值变化成正比,线性化方法简便,但要获得准确的恒流源,其电路比较复杂。

在实际的温度测量中,热电阻常置于现场,总要与导线连接,由于热电阻的电阻值不大,所以阻值很小的导线电阻不能忽略不计,并且导线电阻很难测量而被计入热电阻的电阻值中,从而使得测量结果产生附加误差。在常见的二线式测量中,如果在 $100\ ℃$ 时 Pt100 热电阻的热电阻率为 $0.385\ \Omega/℃$,若这时的导线总电阻值为 $2\ \Omega$,则引起的测量误差为 5.2 ℃。为了解决这一问题,可采用三线式或四线式测量电路进行测温。

二线式适用测量回路与传感器不太远的情况。而在距离较远时,为消除导线电阻因受环境温度影响而造成的测量误差,则需要采用三线式或四线式接法。

1) 二线式铂热电阻温度测量电路实例

图 1-16 是二线式铂热电阻温度测量电路实例,该电路是用于检测印制板上功率晶体管周围的温度,如果温度超过 60 ℃就输出信号,从而实现自动调温。电路中,R_T 采用 100 Ω 的铂热电阻,R_T 与 R_1 串联接到恒压源(12 V),R_T 中流经约 1 mA 的电流。这种接法虽属于恒压法,但由于 R_1 阻值比 R_T 大很多,R_T 阻值变化引起的测量电流变化不大,因此能够获得近似恒流法的线性输出。当功率晶体管周围的温度低于 60 ℃,运放 A 的反向输入端电平高于同向输入端,A 输出高电平;温度超过 60 ℃时,则 R_T 阻值增大到 123.64 Ω,A 的反向输入端电平低于同向输入端,A 输出变为低电平,从而实现控制有关电路进行温度调节。

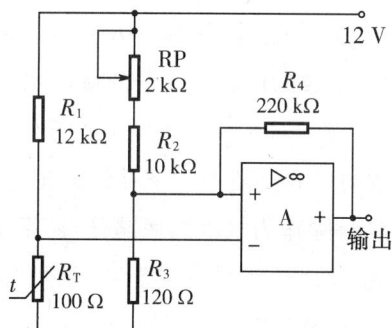

图 1-16　二线式铂热电阻温度测量电路实例

2) 三线式铂热电阻温度测量电路实例

图 1-17 是三线式动热电阻温度测量电路实例。电路中,铂热电阻 R_T 与高精度电阻 $R_1 \sim R_3$ 组成桥路,而且 R_3 的一端通过导线接地。R_{W1}、R_{W2} 和 R_{W3} 是导线等效电阻。R_{W1} 和 R_{W2} 分接在两个相邻桥臂中,只要导线对称,便可实现温度补偿。R_{W3} 接在电源支路中,不会影响测量结果。由于放大电路的输入阻抗很高,所以流经传感器的电流路径为 $U_T \rightarrow R_1 \rightarrow R_{W1} \rightarrow R_T \rightarrow R_{W3} \rightarrow$ 地,流经 R_3 的电流路径为 $U_T \rightarrow R_2 \rightarrow R_3 \rightarrow R_{W2} \rightarrow R_{W3} \rightarrow$ 地。如果电缆中导线的种类相同,导线电阻 R_{W1} 和 R_{W2} 相等,温度系数也相同,因此,即使电缆长度发生改变,也能进行温度补偿。由于流经 R_{W3} 的两电流也都相同,因此不会影响测量结果。在传感器信号放大电路常采用三运放构成的仪表放大器,使其具有高的输入阻抗和共模抑制比。经放大器放大的信号,一般要由折线近似的模拟电路或 A/D 转换器构成的数据表进行线性化,因为 R_1 的阻值要比 R_T 的阻值大得多,所以 R_T 变动的非线性对温度特性影响非常小。调整时,调整基准电源 U_T 使 R_2 两端电压为准确的 20 V 即可。

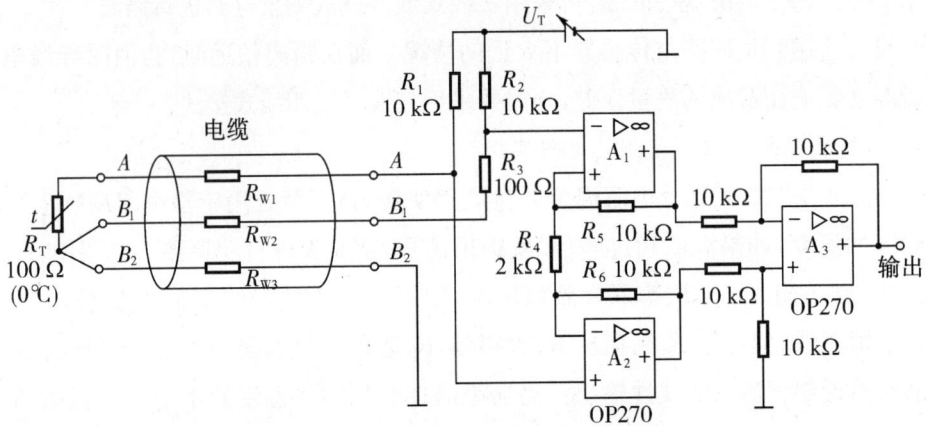

图 1-17　三线式珀热电阻温度测量电路实例

3) 四线式铂热电阻温度测量电路实例

图 1-18 是四线式铂热电阻测温电路实例。该电路需要采用线性好的恒流源电路，恒流源电路输出 2 mA 的电流经接线端 $A_1 \rightarrow R_{W1} \rightarrow R_T \rightarrow R_{W4} \rightarrow$ 地。R_T 两端电压通过导线 R_{W2} 和 R_{W3} 直接输入由 $A_1 \sim A_3$ 构成的仪表放大器的输入端。从接线端 A_2 和 B_1 两点来看，放大器的输入阻抗非常高，因此，流经两导线的电流近似为 0，其电阻 R_{W2} 和 R_{W3} 可忽略不计。R_1、C_1 和 R_2、C_2 构成的低通滤波器用于补偿高频时运放的共模抑制比的降低。R_{W1} 和 R_{W4} 串联在恒流源电路中，除作为电流的通路外，还用于限制恒流电路和放大器的工作电压范围，与接线端 A_2 和 B_1 端子间电位差无关，对测量精度影响不大。测量精度依赖于恒流电路输出电流的调整，调整时若无实际使用的传感器和电缆，可采用适当的电阻作为假负载进行恒流电路调整。

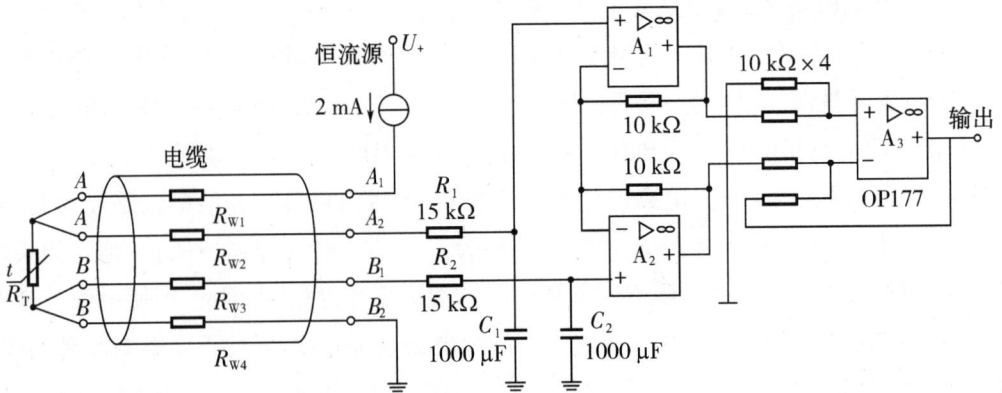

图 1-18　四线式珀热电阻温度测量电路实例

◆拓 展 知 识

热电阻用于管道流量检测

热电阻不仅能测量管道温度,而且能检测管道内气体或液体等介质流量,如图 1-19 所示。图中 R_{t1} 和 R_{t2} 为铂热电阻,R_{t1} 置于管道中央,R_{t2} 置于温度与介质相同且不受介质流速影响的小室中,R_1、R_2 为一般电阻,这 4 个电阻组成电桥。当介质处于静止状态时,电桥处于平衡状态,流量计指示。当介质流动时,由于介质流动带走热量,温度的变化引起阻值变化,电桥失去平衡而有输出,电流计指示直接反映了流量的大小。

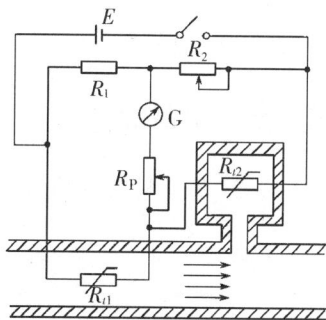

图 1-19　热电阻式流量计电路原理图

任务 3　数字电冰箱温度检测

◆ 任 务 背 景

目前因具有温度可调、温度控制精确和节能等性能的家用电器越来越多被人们所接受,如电冰箱、饮水机、电饭锅、热水器、电热毯、电熨斗等,都需要对温度进行检测。以数字电冰箱为例,如图1-20所示的数字节能电冰箱中就有 4 个感温探头,其中 2 个感温探头感测冷藏室上部和下部温度,1 个感温探头感测冷冻室温度,1 个位于台面的感温探头感测环境温度。通过这 4 个探头自动感测环境、冷藏室、冷冻室的温度,并能检测温度的微小变化,进行同步数字化处理。根据处理结果精确温控冰箱工作,保证恒定的低温环境。冰箱要求的测温范围一般在 $-30 \sim +50\ ℃$,而且必须体积小,价格低,因此可选用热敏电阻作为测温传感器。

图 1-20　数字电冰箱

◆ 相 关 知 识

热敏电阻是利用半导体材料的电阻率随温度变化较显著的特点而制成的一种热敏元件,其主要特点:① 灵敏度较高,其电阻温度系数要比金属大 10～100 倍以上;② 工作温度范围宽,常温适用于-55~315 ℃;③ 体积小,能够测量其他温度计无法测量的空隙、腔体及生物体内血管的温度;④ 使用方便,电阻值可在 0.1~100 kΩ 间任意选择;⑤ 易加工成复杂的形状,可大批量生产;⑥ 稳定性好、过载能力强。但热敏电阻却存在元件互换性差,阻值与温度关系为非线性的缺点。因此,该热敏电阻主要适用于各种要求不太高的温度测量和温度控制中。

1　热敏电阻的外形

图 1-21 为几种常见热敏电阻的外形。

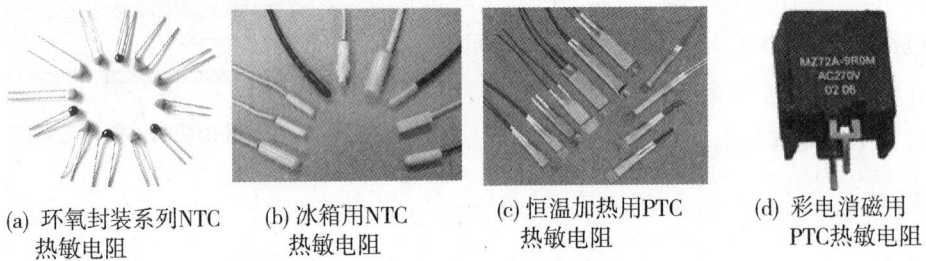

(a) 环氧封装系列NTC　　(b) 冰箱用NTC　　　(c) 恒温加热用PTC　　(d) 彩电消磁用
　　热敏电阻　　　　　　　热敏电阻　　　　　　热敏电阻　　　　　　PTC热敏电阻

图 1-21　几种常见热敏电阻的外形

2　热敏电阻的分类与工作原理

按温度系数的不同,热敏电阻可分为负温度系数的热敏电阻(Negative Temperature Coefficient,NTC)和正温度系数的热敏电阻(Positive Temperature Coefficient,PTC)两大类。而 NTC 又分为负指数型和负突变型(CTR)两类,而 CTR 一般在某一温度范围内,其电阻值会发生急剧变化。PTC 又分为线性型和突变型两类。

1) 负温度系数热敏电阻 NTC

NTC 是指随温度上升电阻值呈指数关系减小,并具有负温度系数的热敏电阻现象和材料。该材料是利用锰、铜、硅、钴、铁、镍、锌等两种或两种以上的金属氧化物经过充分混合、成型、烧结等工艺而制成的半导体陶瓷。NTC 热敏电阻器在室温下的变化范围在 10 Ω~1 MΩ,温度系数为-2‰~-6.5‰,该热敏电阻一般用于各种电子产品中进行微波功率测量、温度检测、抑制浪涌电流、温度补偿、温度控制等。

2) 正温度系数热敏电阻 PTC

PTC 是指在某一温度下电阻值急剧增加,并具有正温度系数的热敏电阻现象和材料。PTC 热敏电阻可用于工业上温度的测量和控制,也可用于汽车某部位的温度检测和调节,还可用于民用设备,如控制瞬间开水器的水温、空调器以及冷库的温度。PTC 热敏电阻除了利用自身作为加热元件外,同时还具有开关功能,以及兼有敏感元件、加热器和开关等功能,称之为热敏开关。电流通过 PTC 元件后引起温度升高,即发热体的温度上升,当超过居里点温度后,电阻值增加,限制电流增加,于是电流的下降导致 PTC 元件温度降低,电阻值的减小又使电路电流增加,PTC 元件温度升高,周而复始。因此,PTC 元件具有使温度保持在特定范围的功能,并具有开关功能。利用这种阻温特性可做成加热源,其具体应用有暖风器、电烙铁、烘衣柜、空调等,还可对电器起到过热和过流保护作用,以及作为电动机延时启动。

3　正确使用热敏电阻传感器

1) 热敏电阻的选择

由于热敏电阻器的种类和型号较多,因此,应根据电路的具体要求来选择适合的热敏电阻器。

正温度系数热敏电阻器(PTC)一般用于电冰箱压缩机启动电路、彩色显像管消磁电路、电动机过流和过热保护电路、限流电路及恒温电加热电路。压缩机启动电路中常用的热敏电阻器有 MZ-01~MZ-04 系列、MZ81 系列、MZ91 系列、MZ92 系列和 MZ93 系列等,根据不同类型的压缩机选用适合的启动热敏电阻器,以达到最好的启动效果。彩色电视机、电脑显示器所使用的消磁热敏电阻器有 MZ71~MZ75 系列,根据电视机、显示器的工作电压(220 V 或 110 V)、工作电流以及消磁线圈的规格等参数指标,选用标称阻值、最大起始电流、最大工作电压等参数均符合要求的消磁热敏电阻器。限流可选用小功率PTC 热敏电阻器,有 MZ2A~MZ2D 系列、MZ21 系列等;电动机过热保护可选用 PTC 热敏电阻器,有 MZ61 系列。

负温度系数热敏电阻器(NTC)一般用于微波功率测量、温度检测、温度补偿、温度控制以及稳压,选用时应根据应用电路的需要选择合适的热敏电阻器类型及其型号。温度检测的常用 NTC 热敏电阻器有 MF53 系列和 MF57 系列,每个系列又有多种型号(同一类型、不同型号的 NTC 热敏电阻器,标准阻值也不相同)可供选择。用于稳压的常用NTC 热敏电阻器有 MF21 系列、RR827 系列等,可根据具体的应用电路设计的基准电压值选用热敏电阻器稳压值和工作电流。温度补偿、温度控制常用的 NTC 热敏电阻器有MF11~MF17 系列。测温和温度控制常用 NTC 热敏电阻器有 MF51 系列、MF52 系列、MF54 系列、MF55 系列、MF61 系列、MF91~MF96 系列、MF111 系列等,其中,MF52 系列、MF111 系列的 NTC 热敏电阻器适用于-80~+200 ℃温度范围内的测温与控温电路;MF51 系列、MF91~MF96 系列的 NTC 热敏电阻器适用于 300 ℃以下的测温与控温电路;MF54 系列、MF55 系列的 NTC 热敏电阻器适用于 125 ℃以下的测温与控温电路;MF61 系列、MF92 系列的 NTC 热敏电阻器适用于 300 ℃以上的测温与控温电路。选用温度控制的 NTC 热敏电阻器时,应注意该热敏电阻器的温度控制范围是否符合具体的应用电路要求。

2) 热敏电阻的电冰箱温控器电路

图 1-22 是一种温控准确、性能稳定的电子温控器,并经过多台冰箱使用证明。该温控器由电源电路、启动电路和温控电路组成。

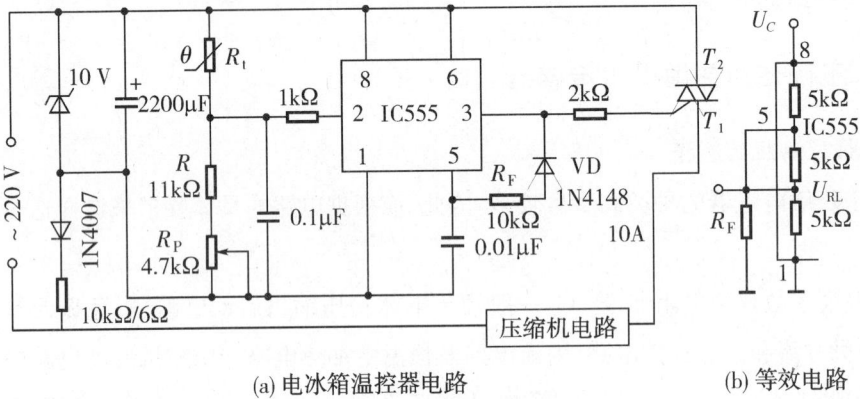

(a) 电冰箱温控器电路　　　　　(b) 等效电路

图 1-22　热敏电阻的电冰箱温控器电路图

该电源电路采用电阻降压、半波整流和稳压管稳压等电路,可输出 15~20 mA 的低压直流电流,输出电压 $U_C=10$ V。

启动电路采用 10 A 的双向晶闸管,完全满足一般压缩机 0.7~1.4 A 的额定电流。双向晶闸管的触发方式为 I 和 III。为可靠起见,给双向晶闸管增加一个有效面积约 30 mm^2 的小散热片。

温控电路主要由迟滞电压比较器和温度检测电路组成。传感器选用 NTC103 型,其 $R_{25}=10$ kΩ 的热敏电阻,用于检测冷藏室温度,通过电阻分压电路转换成电压,控制迟滞电压比较器的输出,触发晶闸管以启动压缩机工作。

迟滞电压比较器是由 555 定时器、二极管 VD、电阻 R_F 和电容组成。该电路是 555 定时器的一种特殊接法,将 555 定时器的高触发输入端 6 引脚接至 U_C 为固定值,始终大于 $2/3U_C$,因此,只有低触发输入端 2 引脚信号随传感器输出变化;将输出端 3 引脚与 $2/3U_C$ 电压端 5 引脚通过二极管 VD 和电阻 R_F 连接,则低触发输入端 2 引脚的阈值电压 U_R 有两个值,从而构成迟滞特性。当输出端 3 引脚为高电平时,基准电压有上限值为 $U_{RH}=1/3U_C$。当输出端 3 引脚为低电平时,二极管 VD 导通,相当于电阻 R_F 连接到参考地电平,等效电路如图 1-22(b) 所示,可求出基准电压下限值为 $U_{RL}=U_C R_F/(10+3R_F)$。

当触发端 2 引脚的电压 $U_S>U_{RH}$ 时,输出端 3 引脚为低电平,晶闸管导通,冰箱制冷;当 $U_S<U_{RL}$ 时,输出端 3 引脚为高电平,晶闸管关断,压缩机停止工作。

触发电压 U_S 由温度检测电路输出，其值等于热敏电阻 R_t 和金属膜电阻 R 对电源电压的分压。该电路的电冰箱压缩机启动和停止时的温度分别设定为 5 ℃ 和 -4 ℃，查看图1-23可得，R_t 分别约为 26 kΩ 和 39 kΩ。根据压缩机启动时要求 $U_S \leqslant U_{RH} = 3.33$ V，可得出电阻 $R = R_t U_S / (U_C - U_S) = 26 \times 3.33 \div (10 - 3.33) \approx 13$ kΩ；根据压缩机停止时，$U_{RL} \geqslant U_S = R U_C / (R_t + R) = 13 \times 10 \div (39 + 13) = 2.5$ V，可得出电阻 R_F 的值，$R_F = 10 U_{RL} / (U_C - 3 U_{RL}) = 10 \times 2.5 \div (10 - 3 \times 2.5) = 10$ kΩ。最后，确定 $R_F = 10$ kΩ，$R = 11$ kΩ，串联4.7 kΩ的电位器进行调试。

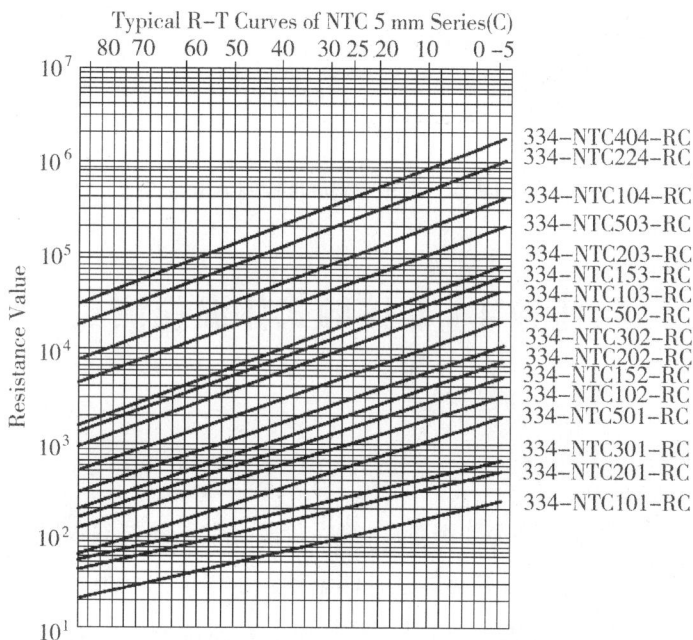

Typical R-T Curves of NTC 5 mm Series(C)

334-NTC404-RC
334-NTC224-RC
334-NTC104-RC
334-NTC503-RC
334-NTC203-RC
334-NTC153-RC
334-NTC103-RC
334-NTC502-RC
334-NTC302-RC
334-NTC202-RC
334-NTC152-RC
334-NTC102-RC
334-NTC501-RC
334-NTC301-RC
334-NTC201-RC
334-NTC101-RC

图 1-23　　NTC 负温度系数热敏电阻 R-T 特性

◆**拓展知识**

汽车空调温度控制器电路

图1-24所示是汽车空调温度控制器电路。该电路中 R_1、R_t、R_2、R_3 和温度设定电位器 R_P 构成温度检测电桥。当被控温度高于 R_P 设定的温度时，R_t 阻值较小，A 点电位低于 B 点电位，A2 输出高电平到 A1 的同相输入端，致使 A1 的反相输入端电位低于同相输入端电位，输出高电平，晶体管 VT 饱和导通，继电器 KA 吸合，动合触点 KA1 闭合，汽车离合器上电工作，带动压缩机运转制冷。随着被控温度逐渐降低，R_t 阻值增大，A 点电位逐渐升高，当被控温度达到或低于 R_P 设定温度时，A 点电位高于 B 点电位，A2 输出低电平，

A1 也输出低电平,VT 截止,继电器 KA1 断开,离合器失电,压缩机停止工作。循环以上过程,可确保汽车车内温度控制在由 R_P 设定的温度附近。

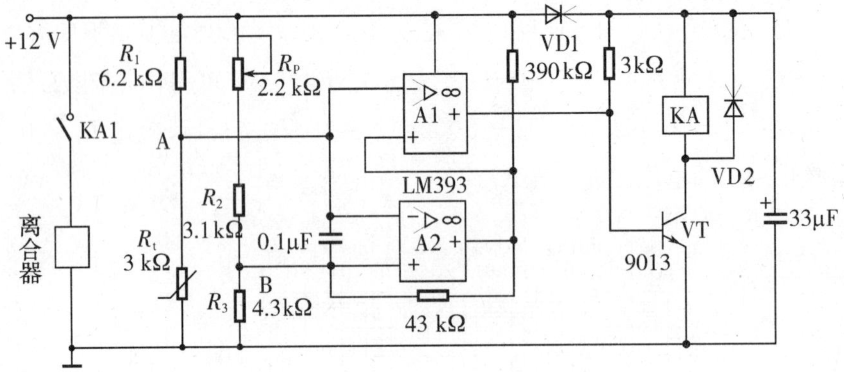

图 1-24　汽车空调温度控制器电路

任务 4　非接触式体温检测

◆任务背景

体温检测技术发展大致分为 3 个阶段:第一阶段是常见的玻璃水银体温计;第二阶段是电子体温计;第三阶段则是非接触式红外体温计。水银体温计虽然价格便宜,但是有诸多弊端,水银体温计遇热或放置不当容易破裂,而且人体接触水银后会中毒,特别是水银体温计测温需要 5 min 以上的时间,使用不便。而电子体温计是采用热敏电阻测量温度,由于不含水银,对人体和周围环境无害,适合于家庭、医院等场合使用,但电子体温计测温也需较长的时间,同样使用不便。

随着 2003 年"非典"的发生,我国在非接触式体温检测方面取得了突出成就。非接触式体温计是根据黑体(照射到物体上的辐射能全部被吸收,既无反射也无透射)辐射原理,通过测量人体辐射的红外线而测量温度的。非接触式体温计所用的红外传感器只是吸收人体辐射的红外线而不向人体发射任何射线,采用被动式且非接触式的测量方式,因此该体温计不会对人体产生辐射伤害且价格低,体积小,实现了体温的快速准确、无接触测量,并具有稳定性好,精度高,测量安全,使用方便等特点。图 1-25 所示为红外体温计的外形图。

扫一扫观看红外
体温计演示图片

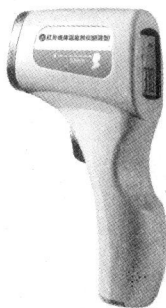

图 1 - 25 红外体温计

◆ **相关知识**

敏感元件不需要与被测介质接触,称非接触测温方法。非接触测温在高温测量方面主要应用于冶金、铸造、热处理,以及玻璃、陶瓷和耐火材料等工业生产过程中,并在民用、医疗等低温测量方面也得到广泛应用。

任何物体处于绝对零度以上时都会以一定波长电磁波的形式向外辐射能量,只是在低温段的辐射能量较弱。非接触式温度仪表就是利用物体的辐射能量随其温度而变化的原理制成的。测量时,只需把温度计光学接收系统对准被测物体,而不必与物体接触,因此可以测量运动物体的温度并不会破坏物体的温度场。此外,由于感温元件只接收辐射能,不必达到被测物体的实际温度,从理论上讲,它没有上限,可以测量高温。

红外传感器是一种非接触式测温传感器,可将红外辐射的能量转换成电能。

1 红外辐射

红外辐射是一种不可见光。由于红外辐射是位于可见光中的红色光线以外的光线,所以又被称为红外线。其波长范围大致为 0.76~1 000 μm,红外线在电磁波谱中的位置如图 1 - 26所示。工程上又把红外线所占据的波段分为近红外、中红外、远红外和极远红外 4 部分。

红外辐射的物理本质是热辐射。一个炽热物体向外辐射的能量大部分是通过红外线辐射出来的。物体的温度越高,辐射出来的红外线越多,辐射的能量就越强,而且红外线被物体吸收时,可以显著地转变为热能。

凡是存在于自然界的物体,如人体、火焰、冰等都会放射出红外线,只是它们发射的红外线的波长不同而已。人体的温度为 36~37 ℃,所放射的红外线波长为 10 μm(属于远红外线区);加热到 400~700 ℃ 的物体,其放射出的红外线波长为 3~5 μm(属于中红外线区)。红外线传感器可以检测到这些物体发射的红外线,用于测量、成像或控制。

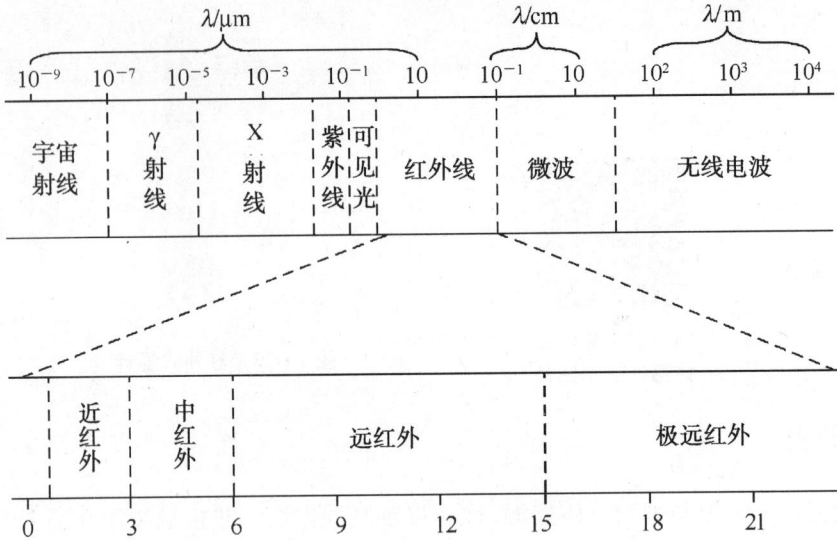

图 1-26   电磁波波谱

红外辐射和所有电磁波一样,是以波的形式在空间直线传播的,它在真空中的传播速度与光在真空中的传播速度相同为 3×10^8 m/s。

红外辐射在大气中传播时,由于大气中的气体分子、水蒸气以及固体微粒、尘埃等物质的散射、吸收作用,使辐射在传输过程中逐渐衰减。而红外线在通过大气层时,有 3 个波段透过率高,它们是 2~2.6 μm、3~5 μm 和 8~14 μm,统称为"大气窗口"。这 3 个波段对红外探测技术特别重要,因为红外探测器一般都工作在这 3 个波段之内。

2   红外传感器的分类与工作原理

红外传感器(又称红外探测器)是把红外辐射转换成电量变化的装置。红外传感器根据探测机理可分成为红外光电探测器(基于光电效应)和红外热敏探测器(基于热效应)。前者可直接把红外光转换成电能,如红外光敏电阻和红外 PN 结型光生伏特器件可用于遥感成像方面;而后者则是吸收红外光后变为热能,使材料的温度升高,电学性能发生变化,人们利用这个现象制成了测量光辐射的器件,如红外热释电传感器。

1)红外热敏探测器

红外热敏探测器是利用红外辐射的热效应制成的,探测器的敏感元件为热敏元件,它吸收辐射后引起温度升高,进而使有关物理参数发生相应变化,通过测量物理参数的变化,便可确定探测器所吸收的红外辐射。

热敏探测器主要有热释电型、热敏电阻型、热电阻型和气体型等 4 种类型。其中,热释电型探测器应用最广,该探测器是根据热释电效应制成的(一些晶体受热时,在晶体两表面产生电荷的现象称为热释电效应),它主要由外壳滤光片、热释电元件、结型场效应管 FET、电阻等组成。其中滤光片设置在红外线通过的窗口处。图 1-27(a)是热释电红外传感器的外形,图 1-27(b)是其内部结构图,图 1-27(c)是其内部电路。

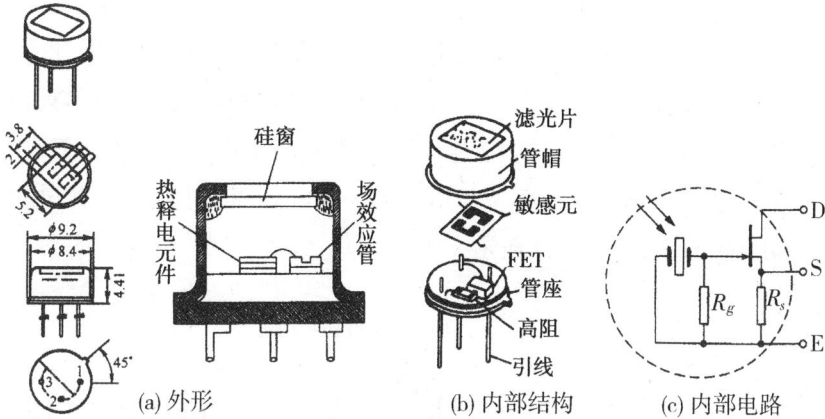

图 1-27　热释电红外传感器

2) 红外光电探测器

红外光电探测器可直接把红外光转换成电能,例如,红外光敏电阻和红外 PN 结型光生伏特器件,主要用于导弹制导、红外热成像、红外遥感等方面。

3　正确使用红外测温传感器

由于红外测温传感器是接收由透镜入射的红外光,所以采集测温范围非常重要。如果被测物体以外的红外光也被采集,就意味着非被测物体的信息也被采集,从而影响到测量的准确性。所以镜头的选择、目标物距离的计算尤为重要,应按图 1-28 左边的示意图正确使用红外测温传感器。

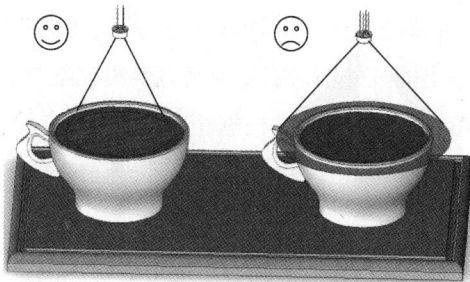

图 1-28　正确使用红外测温传感器示意图

◆**拓展知识**

1　热释电红外测温的应用

辐射温度计可分为高温辐射温度计、高温比色温度计、红外辐射温度计等,其中红外辐射温度计既可用于高温测量,又可用于冰点以下的温度测量,所以红外辐射温度计是辐射温度计的发展趋势。市售的红外辐射温度计的温度范围为$-30\sim3\,000\,℃$,中间温度可分成若干个不同规格,根据具体需要选择适合型号的红外辐射温度计。红外辐射温度计的外形结构和原理框图如图1-29所示。

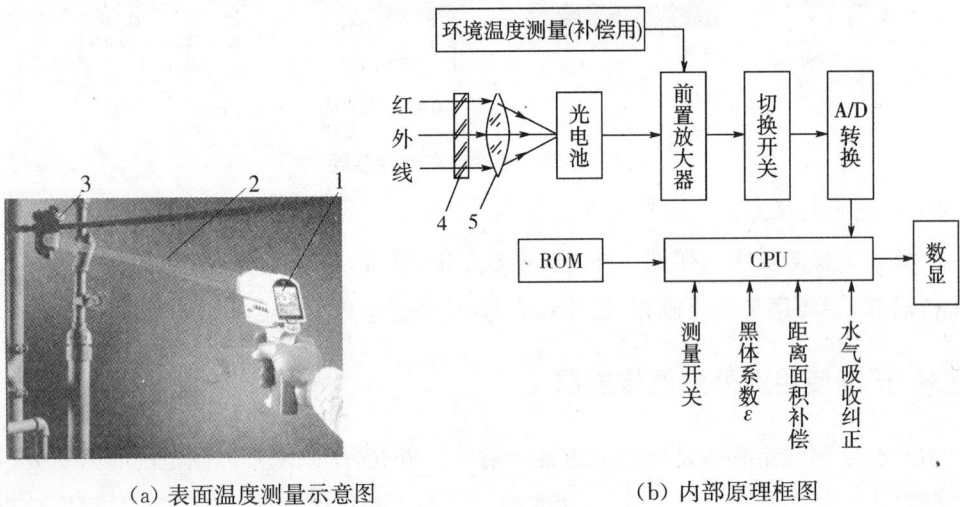

(a) 表面温度测量示意图　　　　(b) 内部原理框图

1—显示器;2—红色激光瞄准系统;3—被测物;4—滤光片;5—聚焦透镜

图1-29　红外辐射温度计

测温时,按下手枪形测温仪的开关,枪口即射出一束低功率的红色激光,自动汇聚到被测物上(瞄准用)。被测物发出的红外辐射能量准确地聚集在红外辐射温度计的"枪口"内部的光电池上。红外辐射温度计内部的CPU根据距离、被测物表面黑度辐射系数、水蒸气以及粉尘吸收修正系数、环境温度以及被测物辐射的红外光强度等诸多参数,计算出被测物体的表面温度,其反应速度只需0.5 s。该温度计可广泛应用于铁路机车轴温检测、冶金、化工、高压输变电设备、热加工流水线表等温度测量,还可以快速测量人体温度。

2　热释电红外探测的应用——自动旋转门控制

自动旋转门控制电路如图1-30所示,该控制电路包括热释电红外传感头、红外传感控制电路、电动机控制驱动电路、乐曲发声电路以及交流降压整流电路等。

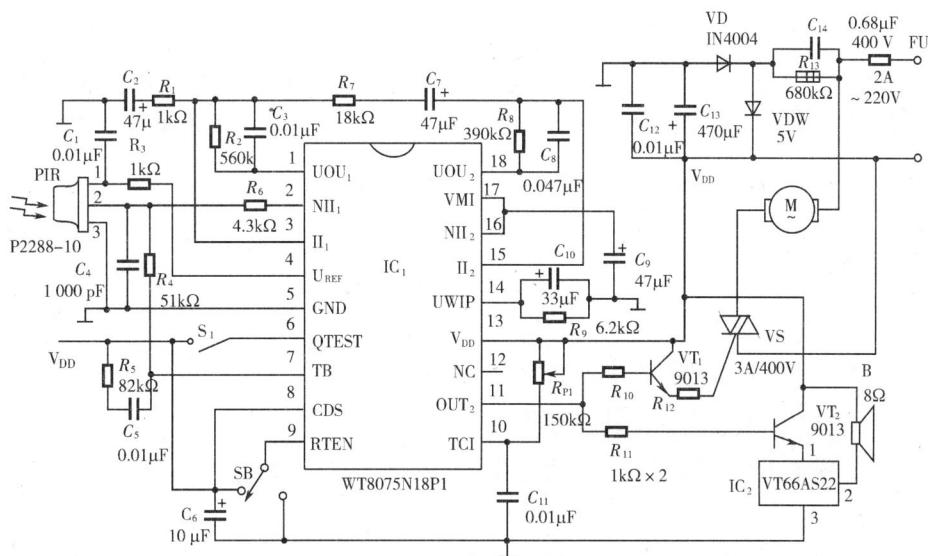

图 1-30　基于热释电红外传感器的自动旋转门控制电路

该控制电路的红外传感头包括 P2288-10 型热释电红外传感器(PIR)和与之相配的菲涅尔光学透镜。WT8075 是采用 CMOS 工艺制造的低功耗红外传感专用集成电路,其内部集成有两级高增益运算放大器、比较电路、系统振荡器、延时电路、锁定电路、控制电路和输出级驱动电路等。当有信号时,其输出端 OUT$_2$ 输出高电平的控制信号,以驱动外接的三极管或负载。

由于热释电红外传感器在加电后到稳定工作需要约 30 s 的加热时间,在这段时间中 WT8075 的输出处于闭合状态,即系统不工作。若将 WT8075 快速自检端(QTEST)通过 S$_1$ 开关接高电平(V$_{DD}$),则可使闭合时间从 30 s 缩短为 16～25 s。WT8075 的 TB 端为芯片系统振荡器输入端,由 R$_5$ 和 C$_5$ 决定该系统振荡器的振荡频率约 4 000 Hz,CDS 端为光控端,可通过外接光敏电阻器进行光控,当 CDS 端为低电平时,整个电路不工作。此控制电路不需要光控,因此,将 CDS 端与 V$_{DD}$ 相连。TCI 端为 WT8075 的输出时间控制端,通过调节外接阻容网络的 R$_{P1}$ 和 C$_{11}$ 时间常数可改变输出脉冲宽度,时间常数越大,脉冲宽度越大。

在开机 30 s 后,系统趋于稳定工作状态,当有人进入红外传感探测视区内时,WT8075 便输出一定宽度的高电平驱动信号,该信号分为 2 路:一路使 VT$_1$ 导通,触发晶闸管 VS 导通,电动机 M 上电运转,带动电动门打开;另一路经 R$_{11}$ 使 VT$_2$ 导通,音乐电路 VT66AS22 得电,将内存的"叮咚"音响信号经扬声器播放。VT66AS22 内有驱动级,可直接驱动扬声器 B 发声,6 s 后曲毕自停。

P2288-10 为双探测元器件,其工作电压为 3～15 V,窗口波长为 7～15 μm,使用环境温度为 -40～60 ℃。VT$_1$ 和 VT$_2$ 为小功率三极管 9013。根据电动机的功率,VS 选用 1.6 A/400 V 的 TLC223 型或 3 A/400 V 的 TLC226A 型塑封双向晶闸管,VD 选用

IN4004 型整流二极管,VDW 选用耗散功率 Pzm 为 1 W 的 2CW103 型(5 V)稳压二极管,R_{13}选用 RJ－2W－680 kΩ 型金属膜电阻器,R_{P1}选用 WH7 型合成膜电位器,其余电阻均采用 RT－1/8W 型碳膜电阻器,C_{14}选用 CBB－400V－0.68pF 型聚丙烯电容器;B 选用 0.25 W 的 YD57－2 型电动式扬声器。

◆思考与练习

1. 热力学温度与摄氏温度有何种数值关系?

2. 试述热电偶测温的基本原理和基本定律。

3. 简述热电偶的冷端温度补偿方法。

4. 补偿导线的型号是如何命名的? 分为哪两类?

5. 热电偶与补偿导线应如何连接? 接反后会出现什么结果?

6. 用镍铬-镍硅(K 型)热电偶测炉温,当冷端温度 $T_0＝30$ ℃时,测得热电势为 $E(T, T_0)＝44.66$ mV,则实际炉温是多少?

7. AD590 的输出电流随温度的变化关系是怎样的? 将其与 10 kΩ 电阻串联,转换为电压信号后,电压随温度的变化关系是怎样的? 若将其与 1 kΩ 电阻串联,转换为电压信号后,电压随温度的变化关系又是怎样的? 写出电压信号随温度变化的关系式。

8. 在图 1-31 的 AD590 测温电路中运放 IC1 接成了什么电路? 为什么这样做? IC2 的反相输入端为什么要加上 2.73 V 的固定电压?

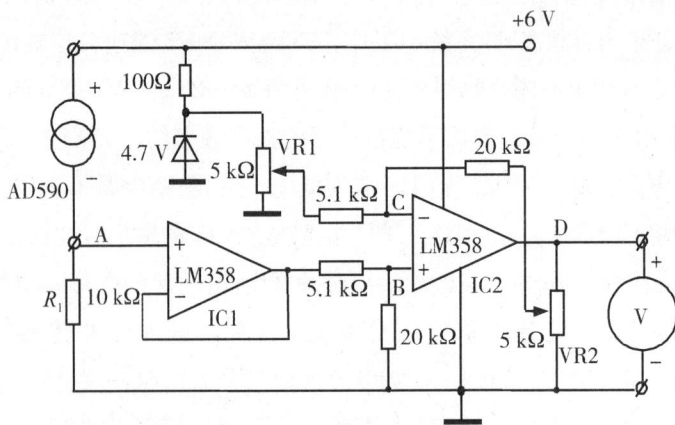

图 1－31　AD590 测温电路

9. 热敏电阻温度传感器的主要优缺点是什么? 主要应用在哪些领域?

10. 热电阻传感器按制造材料主要划分哪几种? 各有什么特点?

11. 为什么热电阻传感器与指示仪表之间要采用三线制接线? 对三根导线有何要求?

12. 用红外传感器设计一个防盗报警器,画出其原理示意图,并说明工作过程。

项目二　力检测

◆学习目标

1. 了解弹性敏感元件的特性及要求；
2. 掌握电阻应变效应及半导体的压阻效应；
3. 了解电桥电路的作用；
4. 掌握电阻应变片等力传感器的测量电路；
5. 掌握压电式传感器的工作原理，理解其特点；
6. 了解力传感器的应用；
7. 了解压电式传感器的应用。

◆项目描述

力是物理基本量之一，因此测量各种动态力、静态力的大小十分重要。力的测量需要通过力传感器间接完成，而力传感器是将各种力学物理量转换为电信号的器件。图 2-1 为力传感器的测量示意图。

F → 力敏感元件 → 转换元件 → 显示设备

图 2-1　力传感器的测量示意图

力敏传感器是使用广泛的一种传感器，该传感器是生产过程自动化检测的重要部件。力敏传感器种类有很多，根据力-电变换原理可分为电阻式（电位器式和应变片式）、电感式（自感式、互感式和涡流式）、电容式、压磁式和压阻式等传感器，其中大多需要弹性敏感元件或其他敏感元件的转换。力敏传感器广泛用于测力和称重。

任务 1　电子地磅检测重量

◆任务背景

电子地磅秤是厂矿、商家等单位用于大宗货物计量的主要称重设备。20 世纪 80 年代之前常见的地磅秤一般是利用杠杆原理纯机械构造的机械式地磅秤,因此又称为机械地磅。20 世纪 80 年代中期,随着高精度称重传感器技术的日趋成熟,机械式地磅逐渐被精度高、稳定性好、操作方便的电子地磅秤所取代。

◆相关知识

1　测力传感器的弹性敏感元件

弹性敏感元件将力或压力转换成应变或位移,再由传感器将应变或位移转换成电信号。弹性敏感元件具有良好的弹性、足够的精度,并且能保证长期使用和温度变化时的稳定性。

1) 弹簧压力表的组成

弹簧压力表的结构如图 2-2 所示,当被测压力作用于弹簧管时,弹簧管便产生相应的变形,通过机械传动机构使标尺指针偏移角度,从而得到压力的数值。其中弹簧管就是弹性敏感元件,它能感受压力并产生自身的弹性变形。

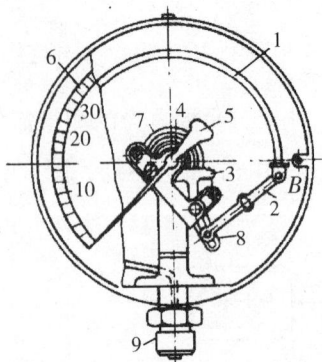

扫一扫观看弹簧压力表演示图片

1—弹簧管;2—拉杆;3—扇形齿轮;4—中心齿轮;
5—指针;6—面板;7—游丝;8—调整螺丝;9—接头

(a) 弹簧压力表内部结构图　　　　(b) 弹簧压力表外形

图 2-2　弹簧压力表的结构图

2) 弹性敏感元件的特性

物体在外来因素作用下产生的形状和尺寸的改变称为变形,如果变形后的物体在外力去除后又恢复原来形状的变形称为弹性变形,而具有弹性变形特性的物体则称为弹性敏感元件。

弹性敏感元件的特性就是作用在元件上的外力与相应变形(应变、位移或转角)之间的关系。

(1) 刚度

刚度是弹性元件在外力作用下变形大小的量度,一般用 k 表示。

$$k = \frac{\mathrm{d}F}{\mathrm{d}x} \qquad (2-1)$$

(2) 灵敏度

灵敏度是指弹性敏感元件在单位力作用下产生变形的大小,在弹性力学中又称为弹性元件的柔度。灵敏度是刚度的倒数,用 K 表示。

$$K = \frac{\mathrm{d}x}{\mathrm{d}F} \qquad (2-2)$$

弹性敏感元件的其他一些特性,如弹性滞后、弹性后效和固有振荡频率等,这里不作详细介绍。

实际选用或设计弹性敏感元件时,若遇到上述特性矛盾时,应根据测量对象和要求,进行综合考虑。

3) 弹性敏感元件的基本要求及分类

弹性敏感元件在传感器中占有极其重要的地位,其质量的优劣直接影响传感器的性能和精度。在很多情况下,弹性敏感元件甚至是传感器的核心部分。在传感器的工作过程中常采用弹性敏感元件把力、压力、力矩、振动等被测参量转换成应变量或位移量,然后再通过各种转换元件把应变量或位移量转换成电量。

(1) 弹性敏感元件的基本要求

① 良好的机械特性(强度高、抗冲击、韧性好、疲劳强度高等)和良好的机械加工及热处理性能;

② 良好的弹性(弹性极限高、弹性滞后和弹性后效小等);

③ 良好的抗氧化性和抗腐蚀性;

④ 应保证长期使用和温度变化时的稳定性。

(2) 弹性敏感元件的分类

根据弹性敏感元件输入量的不同,可以分为两大类:变换力的弹性元件和变换压力的弹性敏感元件。

① 变换力(力矩)的弹性元件

这类弹性敏感元件大都采用等截面柱式、圆环式、等截面薄板、悬臂梁及轴状等结构。如图 2-3 所示为几种常见的变换力的弹性敏感元件结构。

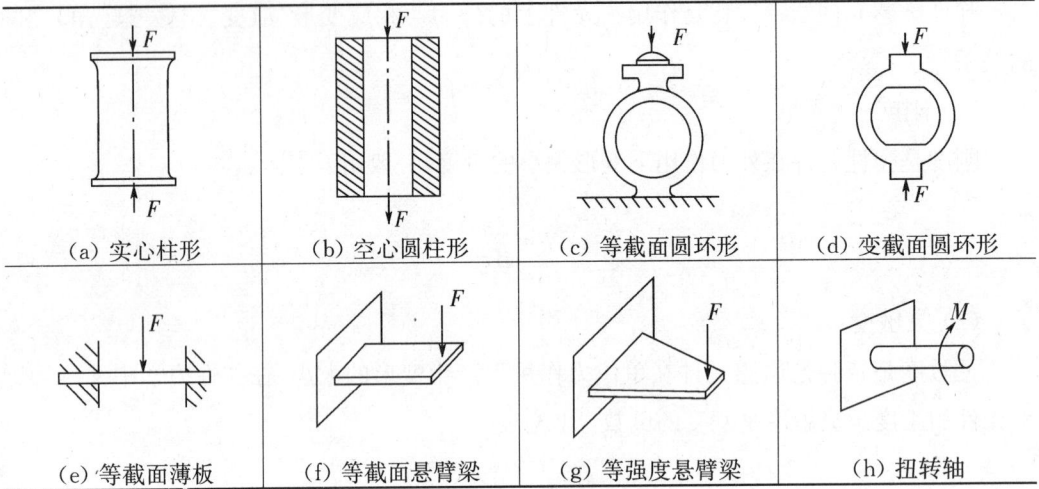

| (a) 实心柱形 | (b) 空心圆柱形 | (c) 等截面圆环形 | (d) 变截面圆环形 |

| (e) 等截面薄板 | (f) 等截面悬臂梁 | (g) 等强度悬臂梁 | (h) 扭转轴 |

图 2-3　常见的变换力的弹性敏感元件结构

② 变换压力的弹性敏感元件

这类弹性敏感元件常见的有弹簧管、波纹管、波纹膜片、膜盒和薄臂圆筒等,它可以把流体产生的压力变换成位移量输出。图 2-4 所示为几种常见的变换压力的弹性敏感元件结构。其中,图 2-4(a)为弹簧管的外形图,当弹簧管中通入流体,在流体压力的作用下,弹簧管发生变形,则其自由端将产生线位移或角位移。图 2-4(b)为波纹管的外形图,波纹管是一种表面上有许多同心环状皱纹的薄壁圆管,在流体压力(或轴向力)的作用下,波纹管将产生伸长或缩短,而在横向力的作用下,波纹管将在平面内弯曲。图 2-4(c)为波纹膜片波纹图,由于平膜片在压力或力的作用下位移量小,因而常把平膜片加工制成具有环状同心波纹的圆形薄膜。图 2-4(d)为薄壁圆筒弹性敏感元件的结构图,薄壁圆筒弹性敏感元件的灵敏度取决于圆筒的半径和壁厚,而与圆筒长度无关。

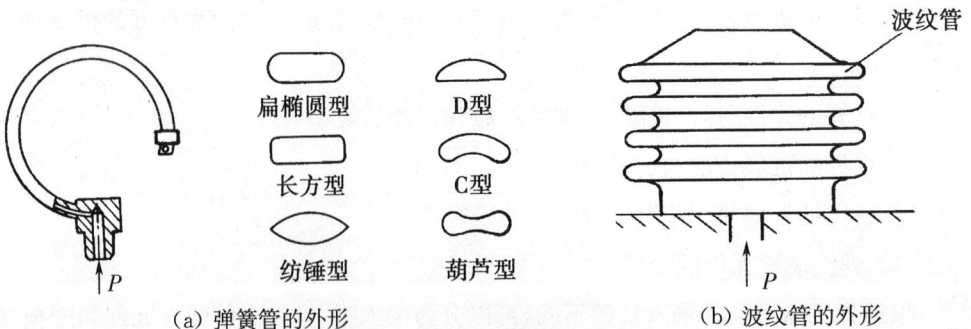

| | | 波纹管 |

扁椭圆型　　D 型

长方型　　C 型

纺锤型　　葫芦型

(a) 弹簧管的外形　　　　　　　　　　　(b) 波纹管的外形

图 2-4　常见的变换压力的弹性敏感元件结构

（c）波纹膜片波纹的形状 （d）薄壁圆筒弹性敏感元件的结构

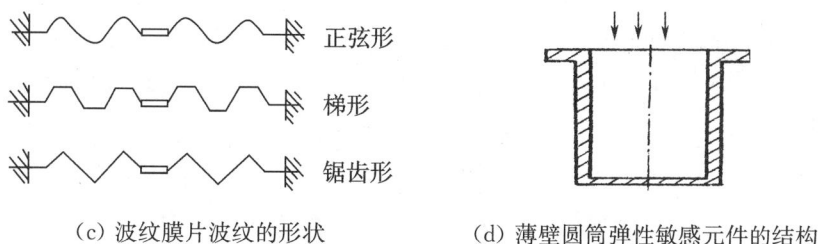

图 2-4（续） 常见的变换压力的弹性敏感元件结构

2 电阻应变式传感器

电阻应变式传感器是一种利用电阻应变效应，将力学量转换为电信号的传感器。电阻应变式传感器具有精度高，性能稳定，测量范围宽，可制成各种机械量传感器，并且具有结构简单，体积小，重量轻，可在超低温、强振动、强磁场等恶劣环境下工作等特点。

扫一扫观看电阻应变式传感器演示图片

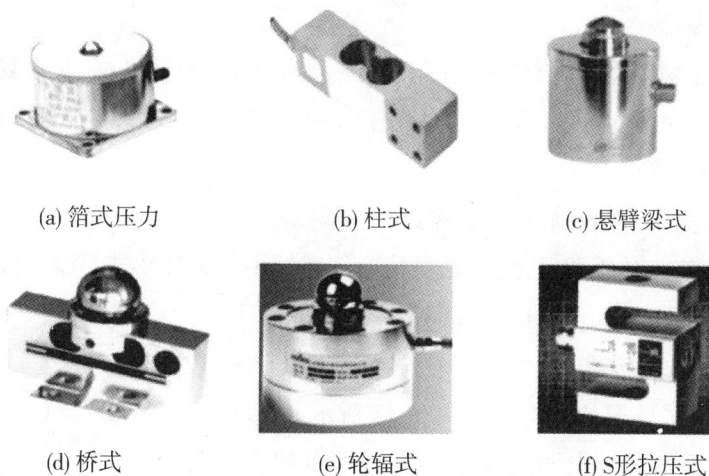

1）电阻应变式传感器的外形及性能指标

（1）电阻应变式传感器的外形

常见的电阻应变式传感器的外形如图 2-5 所示。

（a）箔式压力 （b）柱式 （c）悬臂梁式

（d）桥式 （e）轮辐式 （f）S形拉压式

图 2-5 常见的电阻应变式传感器的外形

（2）电阻应变式传感器的主要用途及特性

① 金属箔式压力传感器

金属箔式压力传感器是采用箔式应变片贴在由合金钢制作的弹性体上的一种传感器，具有精度高、温度特性好等特点，适用于电子皮带秤、配料秤。

② 柱式传感器

柱式传感器的结构如图 2-6 所示,它利用箔式应变片贴在由合金钢制作的圆柱弹性体终端较细的部位。这类传感器结构简单,加工容易,可拉、可压或拉压两用,能承受较大的负载,具有长期稳定性好、密封性好等特点,适用于地中衡、料斗秤、汽车衡、轨道衡等。

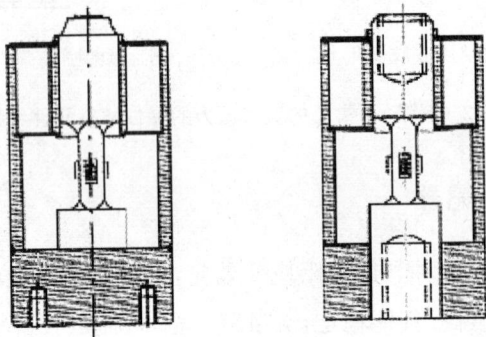

图 2-6　柱式传感器的结构图

③ 悬臂梁式传感器

悬臂梁式传感器是将箔式应变贴在由合金钢制作的弹性体的上下两面,弹性体一端固定,一端加载、拉、压均可,该传感器具有精度高、密封性好、易安装等特点,适于电子秤、料斗秤等小量程的称重环境。

④ 桥式传感器

桥式传感器采用箔式应变片贴在合金钢弹性体上,具有精度高、长期稳定性好、密封性好、抗偏载、抗扭曲、精度高等特点,适用于各种汽车衡、轨道衡、料斗秤等场合。

⑤ 轮辐式传感器

轮辐式传感器采用轮辐式结构,并具有抗偏抗侧能力强、测量精度高、性能稳定可靠、安装方便等特点,该传感器是大、中量程精度传感器中的最佳形式,可广泛用于各种电子衡器和各种力值测量,如汽车衡、轨道衡、吊钩秤、料斗秤。

⑥ S 形拉压式传感器

S 形拉压式传感器的结构图如图 2-7 所示,S 形拉压式传感器采用 S 形结构,由于其荷载的作用点和支撑点在同一轴线上,因此其受力稳定,称重时,利用其弯曲变形,产生信号。这种传感器拉压均可使用,应用于高温度环境,具有优越的抗扭、抗侧、抗偏载能力,输出对称性好,精度高,结构紧凑等特点,适用于配料秤、料斗秤、机电结合秤、吊钩秤等。

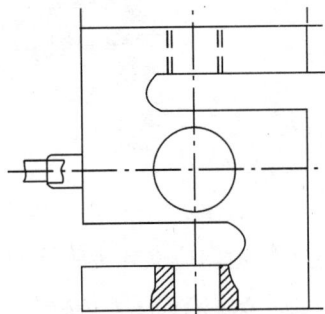

图 2-7　S 形拉压式传感器的
结构图

（3）金属电阻应变片的结构

金属电阻应变片的结构如图 2-8 所示，该电阻应变片是由敏感栅、基底、盖片、引线和黏结剂组成。

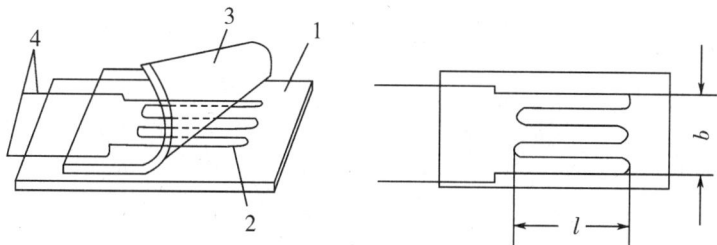

1-基底；2-敏感栅；3-覆盖层；4-引线

图 2-8　金属电阻应变片的基本结构

① 基底是将传感器弹性体的应变传递到敏感栅上的中间介质，并起到电阻丝和弹性体间的绝缘作用。

② 敏感栅是应变片的转换元件，由金属丝、金属箔制成，粘贴在基底上，通过基底传递应变。

③ 覆盖层（保护层）起绝缘保护作用。

④ 引线焊接于敏感栅两端，作为连接测量导线之用。

电阻应变片有金属电阻应变片和半导体应变片两大类。而金属电阻应变片又分丝式、箔式和薄膜式等结构形式。

2）电阻应变式传感器的工作原理

电阻应变式传感器是目前用于测量力、力矩、压力、加速度、重量等参数最广泛的传感器之一。它是基于电阻应变效应制造的一种测量微小机械变量的传感器。

（1）电阻应变效应

金属导体或半导体受到外力作用时，不仅产生相应的应变（伸长或缩短），而且其电阻值也将随之发生变化的现象成为电阻的应变效应。

设有一电阻丝导体，其材料电阻率为 $\rho(\Omega \cdot m)$，电阻丝长度 $l(m)$，电阻丝的截面积 $S(m^2)$，电阻丝的半径为 $r(m)$，则其原始电阻值为：

$$R = \rho \frac{l}{S} \tag{2-3}$$

当导体受力作用时，其长度 l、截面积 S、电阻率 ρ 发生相应的变化，则对上式两边微分：

$$dR = \frac{\rho dl}{S} - \frac{\rho l dS}{S^2} + \frac{l d\rho}{S} \tag{2-4}$$

两边除以 R,得

$$\frac{dR}{R} = \left(\frac{\rho dl}{S} - \frac{\rho l \, dS}{S} + \frac{l \, d\rho}{S}\right) \bigg/ \frac{\rho l}{S}$$

$$= \frac{dl}{l} - \frac{dS}{S} + \frac{d\rho}{\rho} \tag{2-5}$$

即

$$\frac{dR}{R} = \frac{dl}{l} - 2\frac{dr}{r} + \frac{d\rho}{\rho}$$

$$= \varepsilon_x - 2\varepsilon_y + \frac{d\rho}{\rho} \tag{2-6}$$

式中,ε_x 为电阻丝的轴向应变,$\varepsilon_x = \frac{dl}{l}$;$\varepsilon_y$ 为电阻丝的径向应变,$\varepsilon_y = \frac{dr}{r}$。

电阻丝受拉时,沿轴向伸长,而沿径向缩短,则这两者之间的关系为

$$\varepsilon_y = -\mu\varepsilon_x \tag{2-7}$$

式中,μ 为电阻丝材料的泊松比。

将式(2-7)代入式(2-6)可得

$$\frac{dR}{R} = (1+2\mu)\varepsilon_x + \frac{d\rho}{\rho} \tag{2-8}$$

式(2-8)说明,导体电阻变化率是几何效应项和压阻效应项综合的结果。

(2) 灵敏度系数

灵敏度系数的物理意义是单位应变所引起的电阻相对变化。

① 对于金属材料,压阻效应极小,即 $d\rho/\rho \ll 1$,则

$$\frac{dR}{R} \approx (1+2\mu)\varepsilon_x \tag{2-9}$$

当金属材料确定后,应变片的电阻变化率取决于材料的几何形状变化,其灵敏度系数为:

$$K = \frac{dR/R}{\varepsilon} = 1+2\mu \tag{2-10}$$

② 对于半导体材料,由于 $d\rho/\rho$ 项的数值远比 $(1+2\mu)\varepsilon$ 项大,即半导体电阻变化率取决于材料的电阻率变化,因此

$$\frac{dR}{R} \approx \frac{d\rho}{\rho} \tag{2-11}$$

半导体材料具有较大的电阻率变化的原因,是因为它具有远比金属导体显著的压电电阻效应。当在半导体的晶体结构上加上外力时,会暂时改变晶体结构的对称性,因而改变了半导体的导电结构,表现为其电阻率的变化,此物理现象称为压阻效应。

由半导体材料的压电压阻效应,得

$$\frac{\mathrm{d}\rho}{\rho}=\pi E\varepsilon \tag{2-12}$$

式中,π 为材料的压阻系数;E 为材料的弹性模数。

$$\frac{\mathrm{d}R}{R}\approx\pi E\varepsilon \tag{2-13}$$

灵敏度系数为:

$$K=\frac{\mathrm{d}R/R}{\varepsilon}=\pi E \tag{2-14}$$

③ 常用的导体灵敏度系数大致是:金属导体约为 2,但不超过 4~5;半导体约为100~200。

(3) 电阻应变式传感器结构框图和基本原理

电阻应变式传感器结构框图如图 2-9 所示。

图 2-9　电阻应变式传感器结构框图

电阻应变式传感器是通过弹性敏感元件将外部的应力转换成应变 ε,再根据电阻应变效应,由电阻应变片将应变转换成电阻值的微小变化,通过测量电桥转换成电压或电流输出。

敏感元件一般为各种弹性体,传感元件就是电阻应变片,测量转换电路一般为桥式电路。只要将应变片粘贴于各种弹性体上,并将其接到测量转换电路,这样就构成了测量各种物理量的专用应变式传感器,可以测量应变应力、弯矩、扭矩、加速度及位移等物理量。

(4) 电阻应变式传感器的测量电路

电阻应变式传感器是将被测量的变化转换成传感器元件电阻值的变化,再经过转换电路变成电信号输出。由于应变量 ε 通常在 5 000μ 以下,所引起的电阻变化 $\mathrm{d}R/R$ 一般都很微小,既难以直接测量精确,又不便直接处理,所以必须使用专门的电路测量这种微弱的电阻变化,而最常用的测量电路就为电桥电路。

应变片的测量电桥结构简单,具有灵敏度高、测量范围宽、线性度好、精度高和容易实现温度补偿等优点,因此应变片能很好地满足应变测量的要求,是目前使用最多最广泛的一种测量电路。

图 2-10 所示为一直流供电的平衡电阻电桥。A、B、C、D 为电桥的顶点,该电桥的 4 个桥臂由电阻组成。E 为直流电源,接于桥的 A、C 点,电桥从 B、D 接线输出,R_L 为负载。

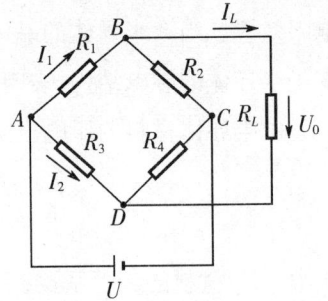

图 2-10　电桥的一般形式

当 $R_1 = R_2 = R_3 = R_4 = R$ 时,该电桥为等臂电桥;当 $R_1 = R_2 = R_3 = R_4 = R'$ 时,该电桥为输出对称电路;当 $R_1 = R_3 = R, R_2 = R_4 = R'$ 时,该电桥为电源对称电桥。分析电路可知:当 $R_1 R_4 = R_2 R_3$ 时,电桥平衡,输出电压为 0。

① 单臂电桥

单臂电桥电路如图 2-11 所示。只有 1 只应变片接入电桥,即 R_1 为接入的应变片。起始时,应变片未承受应变,电桥平衡 $R_1 R_4 = R_2 R_3$。此时,输出电压 $U_0 = 0$。

当应变片承受应变时,R_1 增大为 $R_1 + \Delta R$,对于等臂电桥和输出对称电路,此时的输出电压为:

$$U_O = \frac{U}{4} \frac{\Delta R}{R} = \frac{U}{4} K\varepsilon \tag{2-15}$$

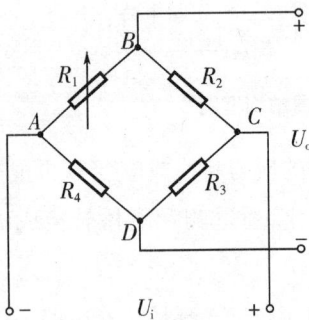

图 2-11　单臂电桥

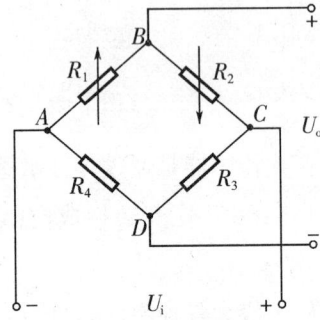

图 2-12　差分半桥

② 差分半桥

差分半桥电路如图 2-12 所示。有 2 只应变片接入电桥的相邻两支桥臂,并且 2 只桥臂的应变片的电阻变化大小相同而方向相反(差动工作),此时的输出电压为:

$$U_O = \frac{U}{2} \frac{\Delta R}{R} = \frac{U}{2} K\varepsilon \tag{2-16}$$

③ 差分全桥

差分全桥电路如图 2-13 所示,有 4 只应变片接入电桥,并且差动工作,此时输出电

压为单臂工作时的 4 倍,即输出电压为:

$$U_O = \frac{\Delta R}{R} U = U K \varepsilon \qquad (2-17)$$

对比电桥的这 3 种工作方式可知,用直流电桥作为应变的测量电路时,电桥输出电压与被测应变量呈线性关系,而在相同条件下(供电电源和应变的型号不变),差动工作比单臂工作输出信号大,半桥差动输出是单臂输出的 2 倍,而全桥差动输出又是单臂输出的 4 倍。全桥工作时输出电压最大,检测的灵敏度最高。

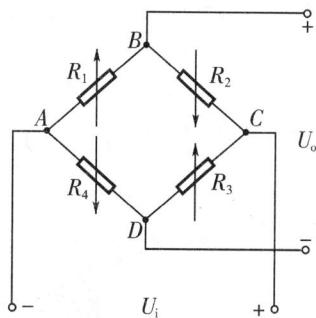

图 2-13 差分全桥

3 压阻式传感器

压阻式传感器的工作原理主要是基于压阻效应,而压阻效应是在半导体材料上施加作用力时,其电阻率发生显著变化的现象。

压阻式传感器主要有两种类型:一种是利用半导体材料的电阻制作成半导体应变计,其灵敏度比金属应变计高 2 个数量级;另一种是利用半导体集成工艺中的扩散技术,将 4 个半导体应变电阻集成在同一硅片上,制成扩散硅压阻式传感器。这种传感器由于工艺一致性好,灵敏度高等,因而漂移抵消、迟滞、蠕变非常小,动态响应快,测量精度高,稳定性好,温度范围宽,易小型化,能批量生产且使用方便。

1) 半导体电阻应变片的结构

半导体电阻应变片的结构如图 2-14 所示,它由硅膜片、外壳和引线组成,其核心是硅膜片(作为弹性敏感元件)。

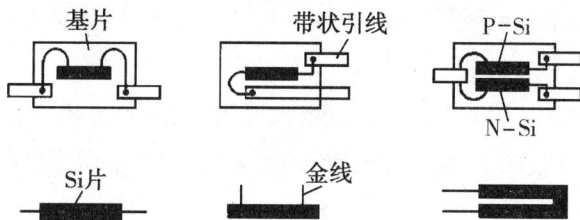

图 2-14 半导体电阻应变片的结构图

2) 半导体电阻应变片的特性

半导体应变片最突出的优点是灵敏度高,这为其应用提供了有利条件。另外,由于半导体应变片还具有机械滞后小、横向效应小以及自身体积小等特点,这也扩大了其使用范围,但其缺点是温度稳定性差、灵敏度离散程度大(由于晶向、杂质等因素的影响)以及在较大应变作用下非线性误差大等。

3）压阻式压力传感器

压阻式压力传感器又称为扩散硅压力传感器，压阻式压力传感器的结构图如图 2 - 15 所示。

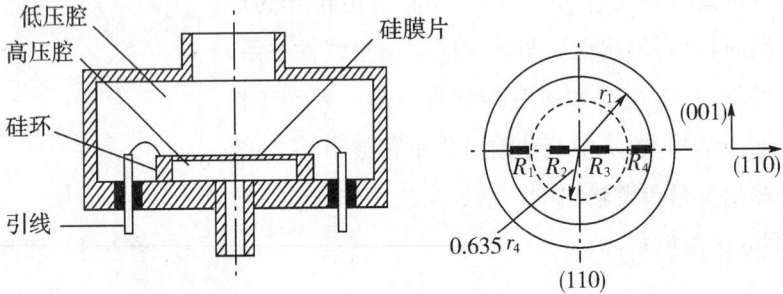

图 2 - 15　压阻式压力传感器结构图

压阻式压力传感器硅膜片上有 2 个压力腔，一个是与大气相通的低压腔，另一个是与被测压力相连接的高压腔。当膜片两边存在压力差时，膜片产生变形，膜片上各点产生应力。硅膜片上的 4 个电阻在应力作用下，阻值发生变化，电桥失去平衡，输出与膜片两边的压力差成正比的电压值。

4　正确使用测力传感器

1）传感器的选择要求

由于传感器的精度高低、性能好坏将直接影响整个自动测试系统的品质和运行状态。一般来说，精度和性能是选用传感器的依据。

① 技术指标要求：静态特性要求（如线性度及测量范围、灵敏度、分辨率、精确度和重复性等）、动态特性要求（如快速性和稳定性等）、信息传递要求（如形式和距离等）、过载能力要求（如机械、电气和热过载）。

② 使用环境要求：诸如考虑温度、湿度、大气压力、振动、磁场、电场、附近有无大功率用电设备、加速度、倾斜、防火、防爆、防化学腐蚀，以及有害于周围材料寿命和操作人员的身体健康等。

③ 电源的要求：如电源电压形式、等级、功率、波动范围、频率以及高频干扰等。

④ 基本安全要求：如绝缘电阻、耐压强度及接地保护等。

⑤ 可靠性要求：如抗干扰、寿命、无故障工作时间等。

⑥ 维修及管理要求：如结构简单、模块化、有自诊断能力、有故障显示等。

上述传感器选择要求又可分为两类：一类共同的，如线性度及测量范围，精确度，工作温度等；另一类是特殊要求，如过载能力、防火及防化学腐蚀要求等。而对于一个具体的传感器,只需满足上述部分要求即可。

2) 选用传感器的原则

一个自动测试系统的优劣关键在于传感器的选择。选择传感器总的原则是:在满足对传感器所有要求的情况下,必须保证成本低廉、工作可靠且易维修,即性能价格比要较高。

选择传感器的一般原则可按下列步骤进行:

① 根据测量对象与测量环境确定传感器的类型。要实现具体的测量工作,首先要考虑采用何种原理的传感器,这需要分析多方面的因素后才能确定使用何种传感器。

② 灵敏度的选择。通常在传感器的线性范围内希望传感器的灵敏度越高越好,因为只有灵敏度高时,与被测量变化对应的输出信号比较大,这样才有利于信号处理。

③ 频率响应特性。传感器的频率响应特性决定了被测量的频率范围,必须在允许频率范围内保持不失灵的测量条件,实际上传感器的响应总是有一定延迟,因此,希望延迟时间越短越好。

④ 线性范围。传感器的线性范围是指输出与输入成正比的范围。

⑤ 稳定性。影响传感器长期稳定性的因素,除了传感器本身结构外,主要是传感器的使用环境。

⑥ 精度。精度是传感器的一个重要的性能指标,关系到整个测量系统测量精度的重要环节。

a. 借助于传感器分类表,按被测量的性质,从典型应用中可以初步确定几种可供选用的传感器的类别。

b. 借助于常用传感器比较表,按被测量的范围、精度要求、环境要求等确定传感器类别。

c. 借助于传感器的产品目录,选型样本,最后查出传感器的规格、型号、性能和尺寸。

3) 传感器使用注意事项

① 选择称重传感器一定要考虑环境因素、适用范围和精度要求。

② 选用的传感器一般工作在满量程的 $30\%\sim70\%$。

③ 传感器使用中最大荷载不能超过满量程的 120%。

④ 传感器和仪表应定期标定,确保使用精度。

⑤ 电桥电压要稳定,温漂、时漂要小,否则会引起测量误差。

◆**拓展知识**

便携式数显电子秤的设计

便携式数显电子秤具有准确度高、易于制作、成本低廉、体积小巧、实用等特点,其分辨力为 1 g,在 2 kg 的量程范围内经仔细调校,测量精度可达 $0.5\%R_D \pm 1$。

1　工作原理

数显电子秤电路原理如图 2-16 所示,其主要部分包括由电阻应变式传感器 R_1、IC2 及 IC3 组成的测量放大电路,和由 IC1 与外围元件组成的数显面板表。传感器 R_1 采用 E350—2AA 箔式电阻应变片,其常态阻值为 350 Ω。测量电路将 R_1 产生的电阻应变量转换成电压信号输出。IC3 将经转换后的弱电压信号进行放大,作为 A/D 转换器的模拟电压输入。IC4 提供 1.22 V 基准电压,它同时经 R_5、R_6 及 R_{p2} 分压后作为 A/D 转换器的模拟电压输入。$3\frac{1}{2}$ 位 A/D 转换器 ICL7126 的参考电压输入正端由 R_{p2} 中间触头引入,负端则由 R_{p3} 的中间触头引入。两端参考电压可对传感器的非线性误差进行适量补偿。

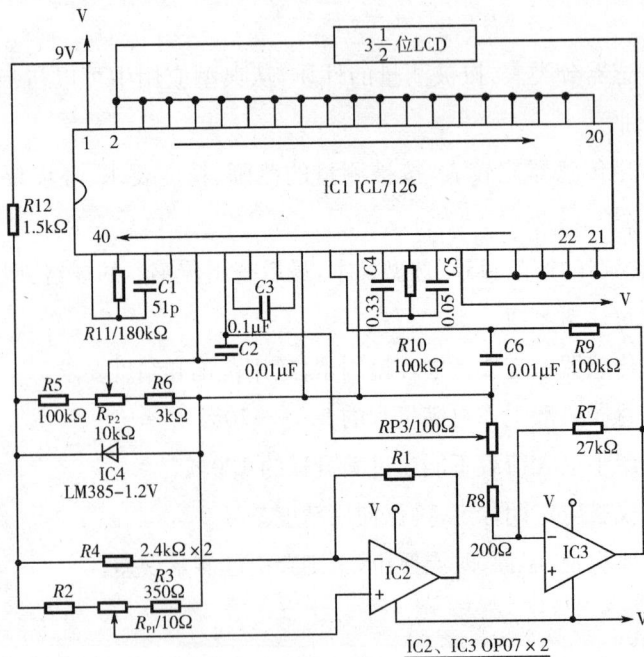

图 2-16　数显电子秤电路原理

2 制作与调试

该数显电子秤外形可参考图 2-17 所示的形式,其中,形变刚件可用普通钢锯条制作,制作方法是:首先将锯齿打磨平整,再将锯条加热至微红,趁热加工成 U 形,并在对应位置钻孔,以便后续安装,然后再将其加热至橙红色(700~800 ℃),迅速放入冷水中淬火,以提高刚度,最后进行表面处理工艺。有条件时,可采用图 2-18 所示的准 S 形应变式传感器,但其成品价格较高。秤钩可用强力胶黏接于钢件底部,用专用应变胶粘剂将应变片黏接于钢件变形最大的部位(内侧正中)。这时其受力变化与阻值变化刚好相反。拎环应用活动链条与秤体连接,以便使用时秤体能自由下垂,同时拎环还应与秤钩在同一垂线上。

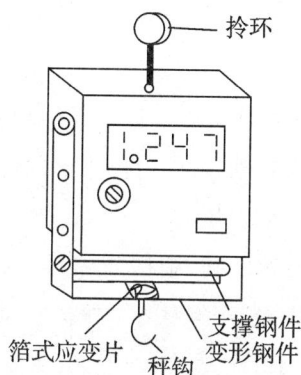

图 2-17 数显电子秤外形

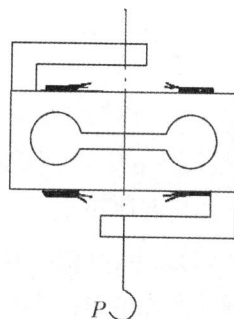

图 2-18 准 S 形应变式传感器

在调试时,应准备 1 kg 和 2 kg 标准砝码各一个,其调试过程如下:

① 调零。首先在秤体自然下垂已无负载时调整 R_{p1},使显示器准确显示零。调整时,R_{p1} 可引出表外进行。测量前先调整 R_{p1},使显示器回零。R_{p1} 选用精密多圈电位器。

② 调满度。调整 R_{p2},使秤体承担满量程重量(本电路选满量程为 2 kg)时显示满量程值。

③ 校准。在秤钩下悬挂 1 kg 的标准砝码,观察显示器是否显示 1.000,如有偏差,可调整 R_{p3} 值,使之准确显示 1.000。

④ 反复调整。重新进行步骤②、③,使之均满足要求为止。

⑤ 电路定型。准确测量 R_{p2}、R_{p3} 电阻值,并用固定精密电阻予以代替。

任务 2　桥墩水下部位缺陷的检测

◆任务背景

由于各种原因,桥墩水下及地表以下部位会产生一些缺陷,而这些缺陷是很难被发现的,但又直接威胁到桥梁的安全,因此,使用压电式加速度传感器通过检测桥墩对振动的响应,并进行频谱分析,就可判定桥墩的内部缺陷。

◆相关知识

压电式传感器是一种典型的自发电式传感器,它是由压电传感元件和测量转换电路组成。压电传感元件是以某些电介质的压电效应为基础,在外力作用下,电介质的表面产生电荷,通过测量转换电路就可实现非电量电测。

压电式传感器具有体积小、重量轻、频率宽、灵敏度高、结构简单等特点,因此在各种动态力、机械冲击、振动的测量,以及声学、医学、力学、宇航等方面得到广泛应用。

扫一扫观看压电式
传感器案例讲解

1　压电传感器的外形、技术指标和压电材料的外形

1)压电传感器的外形

图 2-19 为压电式传感器的外形。

图 2-19　压电式传感器的外形

2）压电传感器技术指标

压电加速度传感器的技术指标主要有量程、灵敏度、线性度、分辨力、谐振点和频响等,具体的参考值如表2-1所示。

表2-1　压电加速度传感器的技术指标

技术指标	参考值
量程	$0 \sim 10$ g
灵敏度	500 mV/g
线性度	$\leqslant 1\%$
分辨力	0.000 04 g
谐振点	15 kHz
频响	$4 \sim 4\,000$ Hz

3）压电材料的外形

图2-20为几种常见压电材料的外形。

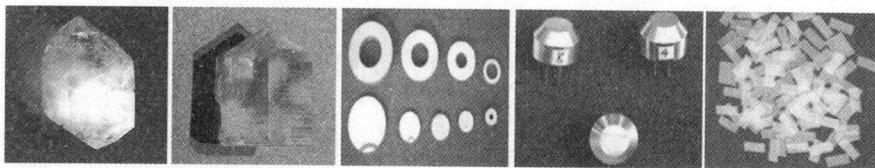

(a) 天然石英晶体　　　　　(b) 压电陶瓷　　　　　(c) 石英晶体薄片

图2-20　几种常见的压电材料的外形图

2　压电传感器的工作原理

1）压电效应

某些电介质沿一定方向受到力的作用而变形时,其内部会产生极化,同时在其表面有电荷产生,当外力去掉后,表面电荷消失,这种机械能转换为电能的现象称为正压电效应。反之,在电介质的极化方向施加交变电场,将会产生机械变形。当去掉外加电场,电介质的变形随之消失,这种电能转换为机械能的现象称为逆压电效应。

具有压电效应的电介质称为压电材料,典型的压电材料有石英晶体、压电陶瓷、钛酸钡、锆钛酸铅和高分子压电材料等。

2）石英晶体的压电效应

石英晶体成正六边形棱柱体,如图2-21所示。石英晶体各个方向的特性不同,其中纵向轴 Z 称为光轴,经过六面体棱线并垂直于光轴的 X 轴称为电轴,与 X 轴和 Z 轴同时垂直的 Y 轴称为机械轴。通常将沿电轴(X 轴)方向的力作用下产生电荷的压电效应称为"纵向压电效应",如图2-22(a)所示,而把沿机械轴(Y 轴)方向的力作用下产生电荷的压电效应称为"横向压电效应",如图2-22(b)所示,而沿光轴 Z 方向受力时不产生压电效应。

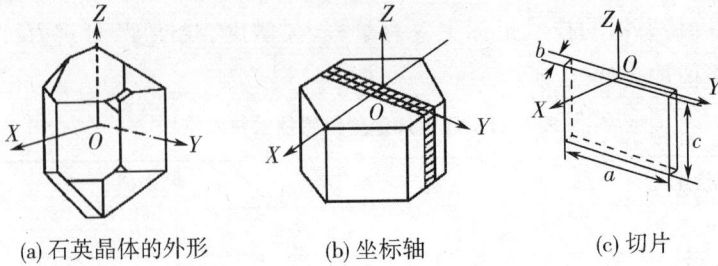

(a) 石英晶体的外形　　　(b) 坐标轴　　　(c) 切片

图 2 - 21　石英晶体的外形、坐标轴及切片图

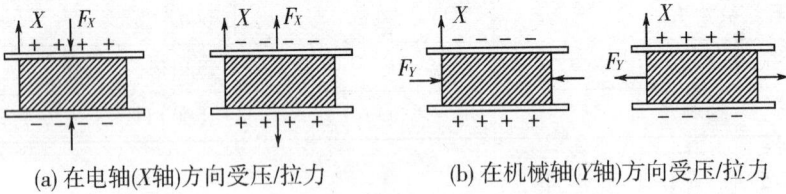

(a) 在电轴(X轴)方向受压/拉力　　　(b) 在机械轴(Y轴)方向受压/拉力

图 2 - 22　石英晶体受力方向与电荷极性的关系

石英晶体的化学式为 SiO_2，每个晶体单元中有 3 个硅离子和 6 个氧离子，它们交替排列，在垂直 Z 轴平面上分布在正六边形的顶角上，如图 2 - 23(a)所示。当作用力为零时，正负电荷平衡，外部不带电。当沿 X 轴施加压力时，如图 2 - 23(b)所示，表面 A 上呈现负电荷、B 表面呈现正电荷。反之，沿 X 轴施加拉力时，则 A、B 两面呈现的电荷极性恰好相反；当沿 Y 轴施加压力时，如图 2 - 23(c)所示，在 A 和 B 表面上分别呈现正电荷和负电荷。若沿 Y 轴施加拉力时，则表面 A 上呈现负电荷、B 表面呈现正电荷；当沿 Z 轴施加作用力时，由于晶体在 X 方向和 Y 方向所产生的形变完全相同，所以正负电荷重心保持重合，所以在其表面上无电荷出现，即晶体不会产生压电效应。

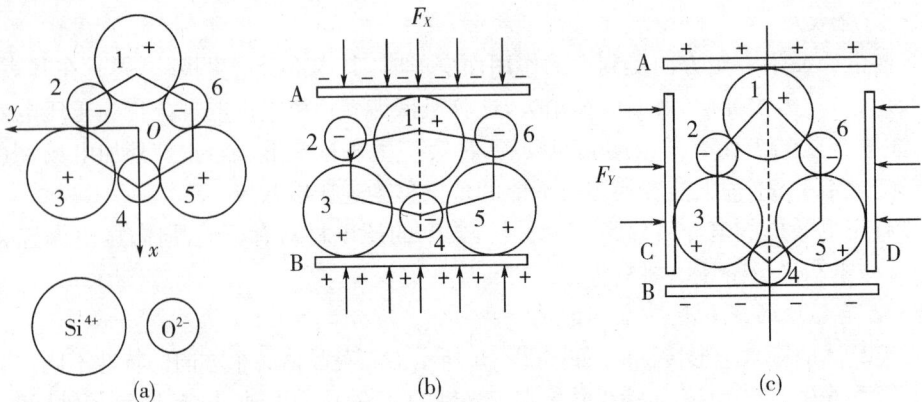

(a)　　　　　　(b)　　　　　　(c)

图 2 - 23　石英晶体压电效应模型

3) 压电陶瓷的压电效应

压电陶瓷是人工造的多晶体压电材料，该材料内部的晶粒有许多自发极化的电畴，具有一定的极化方向,故存在电场。在无外电场作用时,电畴在晶体内杂乱分布,它们的极化效应被相互抵消,压电陶瓷内极化强度为零,因此,原始的压电陶瓷呈中性,不具有压电性质,如图 2-24(a)所示。

在陶瓷上施加外电场时,电畴的极化方向发生转动,趋向于按外电场方向的排列,从而使材料得到整体极化的效果。外电场愈强,就有更多的电畴完全地转向外电场方向。让外电场强度大到使材料的极化达到饱和,即所有电畴极化方向都整齐地与外电场方向一致,当外电场去掉后,电畴的极化方向基本不变,即剩余极化强度很大,这时的材料才具有压电特性,如图 2-24(b)所示。

极化处理后陶瓷材料背部仍存在有很强的剩余极化,当陶瓷材料受到外力作用时,电畴的界限发生移动,电畴发生偏转,从而引起剩余极化强度的变化,因而在垂直于极化方向的平面上将出现极化电荷的变化,如图 2-24(c)所示。这种因受力而产生的由机械效应转变为电效应,将机械能转变为电能的效应就是压电陶瓷的正压电效应。

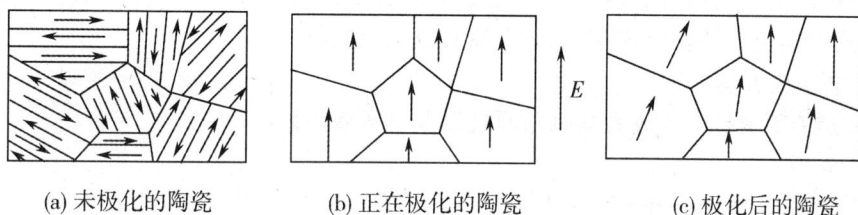

(a) 未极化的陶瓷　　　　　(b) 正在极化的陶瓷　　　　　(c) 极化后的陶瓷

图 2-24　压电陶瓷的极化

3　压电传感器的等效电路与测量电路

1) 压电传感器的等效电路

压电传感器可等效为图 2-25(a)所示的电压源,也可等效为一个电荷源,如图 2-25(b)所示。

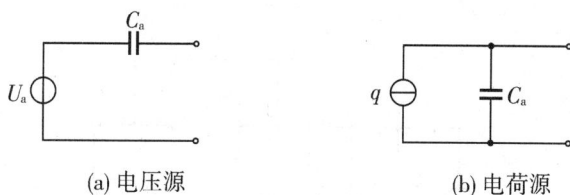

(a) 电压源　　　　　　　　　　(b) 电荷源

图 2-25　压电传感器电压源与电荷源等效电路

压电传感器与测量电路连接时,还应考虑连接线路的分布电容 C_c,放大电路的输入电阻 R_i,输入电容 C_i 以及压电传感器的内阻 R_a。考虑了上述因素后,其实际等效电路如图 2-26 所示。

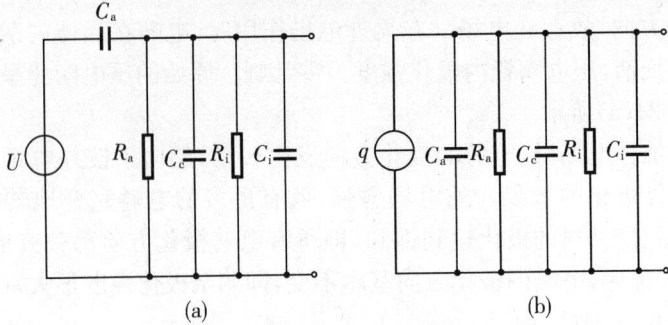

图 2-26 压电传感器的实际等效电路

2) 压电传感器的测量电路

由于压电传感器自身的内阻抗很高,而输出能量较小,因此其测量电路通常需要接入一个高输入阻抗的前置放大器,其作用为:一是把高输出阻抗变换为低输出阻抗;二是放大传感器输出的微弱信号。压电传感器的输出可以是电压信号,也可以是电荷信号,因此,前置放大器也有两种形式:电压放大器和电荷放大器。

(1) 电压放大器

图 2-27 所示是电压放大器电路原理图及其等效电路。

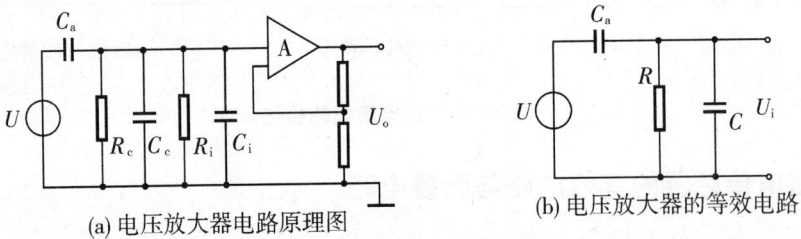

(a) 电压放大器电路原理图   (b) 电压放大器的等效电路

图 2-27 电压放大器电路原理及其等效电路图

(2) 电荷放大器

图 2-28 所示是电荷放大器电路等效电路图。电荷放大器是一种输出电压与输入电荷量成正比的放大器。

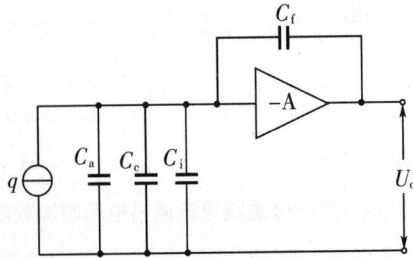

图 2-28 电荷放大器等效电路

4 正确使用压电传感器

压电式传感器的基本原理是利用压电材料的压电效应的特性,即当有力作用在压电元件上时,传感器就有电荷(或电压)输出。由于外力作用在压电材料上产生的电荷只有在无泄漏的情况下才能保存,故需要测量回路具有无限大的输入阻抗,但实际上是不可能的,因此压电式传感器不能用于静态测量。如果压电材料在交变力的作用下,电荷可以不断补充,以供给测量回路一定的电流,故适用于动态测量。

1) 合理选择压电传感器

检测桥墩水下及地表以下部位的缺陷是通过放置在桥墩上的传感器来感受桥墩的振动,检测桥墩内部有无缺陷,因此可选用压电式加速度传感器。

2) 正确使用压电式加速度传感器

(1) 压电式加速度传感器的结构

图 2-29 是一种压电式加速度传感器的结构图。压电式加速度传感器主要由压电元件、质量块、预压弹簧、基座及外壳等组成。整个部件装在外壳内,并用螺栓加以固定。当加速度传感器和被测物一起受到冲击振动时,压电元件受质量块惯性力的作用,根据牛顿第二定律,此惯性力是加速度的函数,即

$$F = ma \qquad (2-18)$$

式中,F 为质量块产生的惯性力;m 为质量块的质量;a 为加速度。

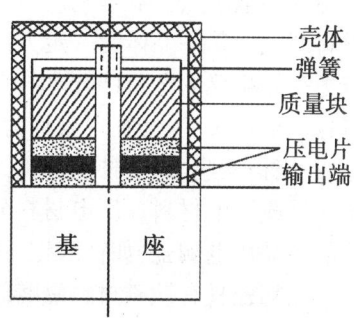

图 2-29 压电式加速度传感器的结构图

此时惯性力 F 作用于压电元件上,因而产生电荷 q,当传感器选定后,m 为常数,则传感器输出电荷为

$$q = d_{11}F = d_{11}ma \qquad (2-19)$$

与加速度 a 成正比(其中 d_{11} 为压电常数),因此测得加速度传感器输出的电荷,便可知加速度的大小。

(2) 压电式加速度传感器的测量原理

当传感器感受到振动时,质量块感受到与传感器基座相同的振动,并受到与加速度方向相反的惯性力的作用,此时质量块就有一正比于加速度的交变力作用在压电片上。由于压电片压电效应,两个表面上就产生交变电荷,当振动频率远低于传感器的固有频率时,传感器的输出电荷(电压)与作用力成正比,亦即与试件的加速度成正比。

输出电量由传感器输出端引出,输入到前置放大器后就可以用普通的测量仪器测出试件的加速度,如在放大器中加入适当的积分电路,就可以测出试件的振动速度或位移。

(3) 压电式加速度传感器检测桥墩缺陷的工作原理

测量时,将压电式加速度传感器基座与桥墩固定在一起,并通过放电炮的方式使放在桥墩上的水箱振动,桥墩承受垂直方向的激励,传感器基座同时承受振动,内部质量块也产生相同的振动,并受到与加速度方向相反的惯性力作用,这样质量块就有一正比于加速度的交变力作用在压电片上。由于压电片的压电效应,两个表面上就产生了交变电荷,当振动频率远低于传感器的固有频率时,传感器的输出电荷与作用力成正比,亦即与试件的

加速成正比。经电荷放大器放大后，输入数据记录仪，再输入频谱分析仪。经频谱分析后就能知道桥墩有无缺陷。

若桥墩是一个没有缺陷的坚固整体，则相当于一个大质量块，振荡激励后只有一个谐振点，频谱曲线呈现单峰。若桥墩有缺陷，则相当于两个或整数个质量——弹簧系统，则具有多个谐振点，那么频谱曲线呈现双峰或多峰。

◆拓展知识

压电传感器在燃气灶电子点火器上的应用

燃气灶电子点火器是利用压电传感器工作原理进行点火的。压电传感器采用某些特殊材料制成。某些晶体受一定方向外力作用而发生机械变形时，相应地在一定的晶体表面产生符号相反的电荷(即产生电位差)，去掉外力后，电荷消失。力的方向改变时，电荷的符号也随之改变，这种现象称为压电效应(正压电效应)。反之，当晶体带电或处于电场中，则产生机械应力，这种现象称为电致伸缩效应或逆压电效应。具有压电效应的材料称压电元件或压电材料。压电材料分为两类：一类是单晶压电材料(如石英晶体)，另一类是极化的多晶压电陶瓷(如钛酸钡、锆钛酸钡等)。

压电陶瓷具有铁磁材料磁畴结构类似的电畴结构。当压电陶瓷极化处理后，陶瓷材料内部存在很强的剩余场极化。如果对压电陶瓷施加压力，便会产生电位差，又因经极化处理后的压电陶瓷具有非常高的压电系数。如图 2-30 所示，当压电陶瓷在极化面上受到沿极化方向的作用力 F 时，则在两极化面上分别出现正负电荷，电荷量 Q 与力 F 成正比，与压电系数 d 成正比，即 $Q=dF$；输出电压 $U=Q/C$(C 为压电晶片的电容量)，通常作用力很大，且压电系数很高，则电荷 t 很大，而陶瓷晶片的电容很小，因此压电陶瓷输出很高的电压。

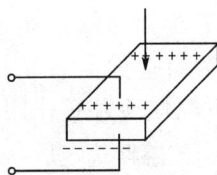

图 2-30　压电元件连接示意图

燃气灶所使用的电子点火器就是利用压电陶瓷制成的。一般压电传感器由两个压电陶瓷元件并联组成，其结构如图 2-31(a)所示。其输出电容为单片电容的 2 倍，极板上的输出电荷为单片电荷的 2 倍，则两极之间输出电压与单片输出电压相等。

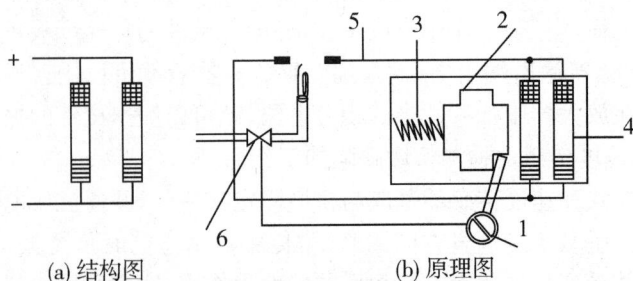

(a) 结构图　　　　　　　(b) 原理图

1—手动凸轮开关；2—冲击砧；3—弹簧；4—陶瓷压电组件；5—高压导线；6—气阀

图 2-31　燃气灶电子点火装置

下面分析用压电陶瓷实现电子点火的工作过程,燃气灶电子点火装置如图2-31(b)所示。当按下手动凸轮开关时,把气阀打开,同时凸轮凸出部分推动冲击砧,使得弹簧被冲击砧向左压缩,当凸轮凸出部分离开冲击砧时,由于弹簧弹力作用,冲击砧猛烈撞击陶瓷压电组件,产生压电效应,从而在正负两极面上产生大量电荷,正负电荷通过高压导线在尖端放电产生火花,使得燃气被点燃。燃气灶压电陶瓷打火器不仅使用方便、安全可靠,而且使用寿命长。据有关资料介绍,采用压电陶瓷制成的打火器可使用100万次以上。

◆**思考与练习**

1. 简述传感器中弹性敏感元件的作用。

2. 简述电阻应变效应和半导体的压阻效应。

3. 试分析应变式传感器为什么大多采用交流不平衡电桥为测量电路? 该电桥为何又都采用半桥和全桥两种方式?

4. 电阻应变片的灵敏度$K=2$,沿纵向粘贴于直径为0.05 m的圆形钢柱表面,钢材的$E=2×10^{11}$ N/m²,泊松比$\mu=0.3$。求钢柱受10 t拉力作用时,应变片电阻的相对变化量。又若应变片沿钢柱圆周方向粘贴,受同样拉力作用时,应变片电阻的相对变化量为多少?

5. 描述一个称重系统,请指出该称重系统经过了哪些环节将压力信号转换为可测量的电学量? 并简要描述各转换环节的工作原理。

6. 什么是正压电效应和逆压电效应? 什么是横向压电效应和纵向压电效应?

7. 简述石英晶体的X、Y、Z轴的名称及特点。

8. 比较石英晶体和压电陶瓷的异同点。

9. 画出压电元件的两种等效电路。

10. 简述压电式传感器为何只适用于动态测量而不能用于静态测量?

项目三　位移检测

◆学习目标

1. 了解位移检测传感器的种类；
2. 了解电感传感器的工作原理；
3. 了解电涡流传感器的工作原理；
4. 了解光栅传感器的工作原理；
5. 了解数控机床位移检测的基本知识。

◆项目描述

位移可以分为线位移和角位移两种，测量位移的常用方法有：机械法、光测法、电测法。这里主要介绍电测法和光测法常用的传感器。

电测法是一种利用各种传感器将位移量变换成电学量或电参数，并经过相关测量仪器变换完成对位移检测的方法，而光测法是一种将位移量转换成光信号的变化，再通过光电元件转换成电信号的方法。位移检测系统与其他电测系统一样，是由传感器、变换电路、显示装置或记录仪器3部分组成的。测量位移常用的传感器有电感传感器、电涡流传感器、光栅传感器等。

表3-1所示的各种位移传感器中，电感传感器和电涡流传感器的结构和工作原理简单，多用于测量小位移；而光栅传感器具有精度高、分辨力高以及抗干扰能力强等优点，因此，光栅在数控机床位置检测中得到广泛应用。

表3-1　常用位移传感器

位移传感器分类	测量原理	测量位移	特点
电感传感器	将位移的变化转换成电感量的变化	小位移	输出功率大、灵敏度高、稳定性好
电涡流传感器	利用电涡流效应	小位移	结构简单、非接触测量、灵敏度高、应用广泛

位移传感器分类	测量原理	测量位移	特点
光栅传感器	利用莫尔条纹原理	大位移	精度高、分辨力高、工作可靠、抗干扰能力强
磁栅传感器	将位移的变化转换成磁场的变化	大位移	精度高、分辨力高

任务 1   轴承滚柱的直径检测

◆任务背景

图 3-1 所示为滚柱轴承。滚柱轴承为滚动体是圆柱滚子的向心滚动轴承。圆柱滚子与滚道为线接触轴承。滚柱轴承负荷能力大，主要承受径向负荷。滚动体与套圈挡边摩擦小，适于高速旋转。根据套圈有无挡边，滚柱轴承分有 NU、NJ、NUP、N、NF 等单列轴承，以及 NNU、NN 的双列轴承。该轴承是内圈、外圈可分离的结构。内圈或外圈无挡边的圆柱滚子轴承因其内圈和外圈可以向轴向做相对移动，所以可以作为自由端轴承使用。在其内圈和外圈的

图 3-1 滚柱轴承

某一侧有双挡边，另一侧的套圈有单个挡边的圆柱滚子轴承，可以承受一定程度的一个方向轴向负荷。一般使用钢板冲压保持架，或铜合金车制保持架，但也有一部分使用聚酰胺成形保持架。滚柱轴承主要用于大中型电动机、机车车辆、机床主轴、内燃机、发电机、燃气涡轮机、减速箱、轧钢机、振动筛以及起重运输机械等。

工厂在生产轴承滚柱时要进行滚柱直径测量和分选，以往都是采用人工测量和分选，这样既费时又容易出错。而目前则是使用电感式传感器对滚柱轴承的直径测量和分选，这样既简便又精确。

◆相关知识

电感式传感器是一种利用线圈自感或互感系数的变化来实现非电量电测的装置。可利用电感式传感器测量位移、压力、流量、振动等非电量，其主要特点是结构简单、工作可靠、灵敏度高；测量精度高、输出功率较大；可实现信息的远距离传输、记录、显示和控制，在工业自动控制系统中广泛应用。但因其灵敏度、线性度和测量范围相互制约，故传感器自身频率响应低，不适用于快速动态测量。

1　电感测微传感器的外形

常用电感测微传感器外形如图 3−2 所示。

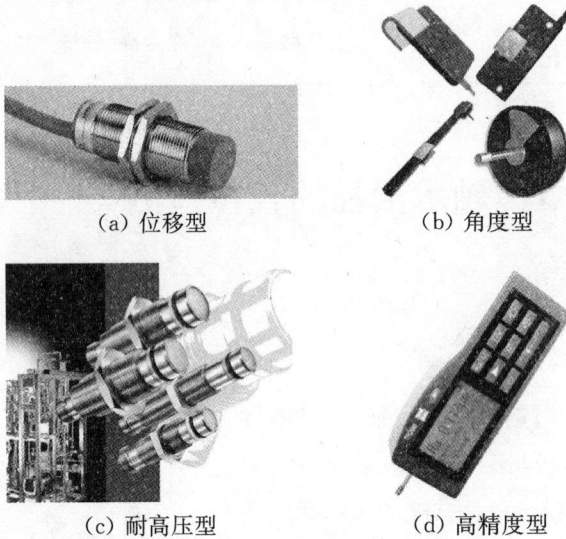

扫一扫观看电感测
微传感器演示图片

（a）位移型　　　　　　（b）角度型

（c）耐高压型　　　　　　（d）高精度型

图 3−2　电感测微传感器外形

2　自感式电感传感器

　　自感式传感器由线圈、铁心和衔铁 3 部分组成，铁心和衔铁由导磁材料制成。自感式传感器工作时，衔铁通过测杆与被测物体相接触，被测物体的位移将引起线圈电感量的变化，当传感器线圈接入测量转换电路后，电感的变化将被转换成电压、电流或频率的变化，从而完成非电量到电量的转换。

　　按磁路几何参数变化形式的不同，自感式传感器可分为变气隙式、变截面积式和螺线管式 3 种，其原理结构图如图 3−3 所示。

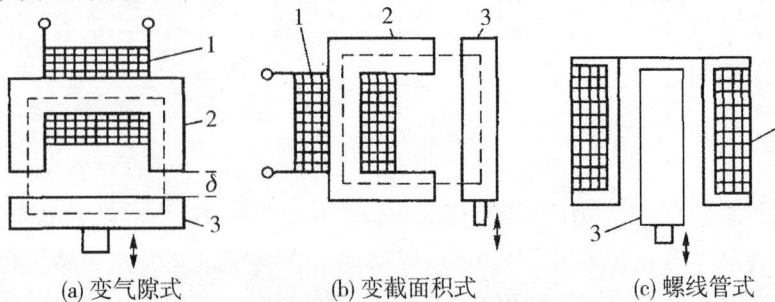

(a) 变气隙式　　　　　(b) 变截面积式　　　　　(c) 螺线管式

1—线圈；2—铁心；3—衔铁
图 3−3　自感式传感器结构原理图

1) 变气隙式自感传感器

变气隙式自感传感器结构如图 3 - 3(a)所示,该传感器在铁心和衔铁之间保持一定的空气隙 δ,被测物体与衔铁保持相连。当被测量变化引起了空气隙厚度发生变化,从而引起线圈电感量值发生变化,通过测量电路测出线圈电感量的变化,就可以得出衔铁的位移,实现非电量到电量的转换。当线圈通以励磁电流时 I,产生磁通为 φ_m,其大小与电流成正比,即

$$N\varphi_m = LI \tag{3-1}$$

式中,N 为线圈匝数;L 为线圈自感量。

又根据磁路欧姆定律有

$$F_m = NI, \quad \varphi_m = \frac{F_m}{R_m} \tag{3-2}$$

式中,F_m 为磁动势;R_m 为磁路总磁阻。

代入式(3-1)可得

$$L = \frac{N^2}{R_m} \tag{3-3}$$

磁路的总磁阻可表示为

$$R_m = \sum \frac{l_i}{\mu_i S_i} + \frac{2\delta}{\mu_0 S} \tag{3-4}$$

式中,l_i 为各段导磁体的长度;μ_i 为各段导磁体的磁导率;S_i 为各段导磁体的截面积;δ 为空气隙的厚度;S 为空气隙的截面积;μ_0 为真空的磁导率,与空气的磁导率相近。

所以,电感线圈的电感量为

$$L = \frac{N^2 S \mu_0}{2\delta} \tag{3-5}$$

从式(3-5)可以看出,当自感电感传感器的线圈匝数、铁心、衔铁的材料以及形状确定后,电感量 L 则是气隙厚度 δ 和气隙相对截面积 S 的系数,如果 S 保持不变,L 则为 δ 的单值函数,构成变气隙式自感电感传感器。如果气隙厚度 δ 保持不变,L 则为 S 的单值函数,构成变面积式自感电感传感器。实际应用中,前者多用于测量线位移,后者多用于测量角位移。

由式(3-5)可知,对于变气隙式自感传感器,电感量 L 与气隙厚度 δ 成反比,其输出特性如图 3-4(a)所示。

其灵敏度为:

$$K_1 = \frac{dL}{d\delta} = -\frac{N^2 S \mu_0}{2\delta} = -\frac{L_0}{S} \tag{3-6}$$

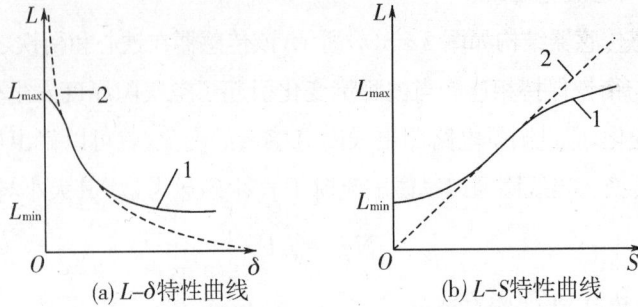

(a) L-δ特性曲线　　　　　　　(b) L-S特性曲线

1—实际输出特性；2—理想输出特性

图 3-4　自感式传感器的输出特性

可见，δ 越小，灵敏度越高。为了保证一定的线性度，变隙式电感传感器工作在一段很小的区域，因而变隙式电感传感器只能用于微小位移的测量。

2）变面积式自感传感器

图 3-3(b)所示为变面积式自感传感器结构。由式(3-5)可知，在线圈匝数 N 确定后，如果保持气隙厚度 δ 为常数，则电感量 L 与气隙截面积成 S 正比，输入输出呈线性关系。

对于变面积式自感传感器，输入输出特性曲线如图 3-4(b)所示，其灵敏度为一常数。但是，由于漏感等原因，变面积式自感传感器在 $S=0$ 时仍有一定的电感，所以其线性区范围较小，而且灵敏度也较低，在工业中应用不多，灵敏度的表达式为：

$$K_2 = \frac{\mathrm{d}L}{\mathrm{d}\delta} = -\frac{N^2 \mu_0}{2\delta} \tag{3-7}$$

3）螺管式自感传感器

单线圈螺管式自感传感器的结构如图 3-3(c)所示，其主要元件为螺管线圈和柱形衔铁。传感器工作时，衔铁在线圈中伸入长度的变化将引起螺管线圈电感量的变化。

对于长螺管线圈($l \gg r$)，而且衔铁工作在螺管的中部时，可认为线圈内磁场强度是均匀的，此时线圈电感量 L 与衔铁的插入深度 l 大致成正比。

螺管式自感传感器结构简单，制作容易，但灵敏度稍低，而且只有衔铁在螺管中间部分工作时，才有可能获得较好的线性关系，因此，该螺管式自感传感器适用于测量比较大的位移量。

4）差动式自感传感器

在使用上述 3 种自感传感器时，由于线圈中通有交流励磁电流，因而衔铁始终承受电磁吸力，则引起振动和附加误差，而且非线性误差较大。另外，外界的干扰和电源电压频率的变化，以及温度的变化都会使输出产生误差，所以，在实际工作中常采用差动式自感传感器，这样既可以提高传感器的灵敏度，又可以减小测量误差。

（1）结构特点

差动式电感传感器结构如图 3-5 所示。两个完全相同的单个线圈的电感传感器共用一根活动衔铁就构成了差动式电感传感器。

差动式电感传感器的结构：两个导磁体的几何尺寸完全相同，材料性能完全相同；两个线圈的电气参数（如电感、匝数、直流电阻、分布电容等）和几何尺寸也完全相同。

（2）工作原理和特性

在变气隙式差动自感传感器中，当衔铁随被测量移动而偏离中间位置时，两个线圈的电感量一个增加而另一个减小，则形成差动形式。

图 3-6 给出了差动式自感传感器的特性曲线。从图中可以看出，差动式自感传感器的线性较好，输出曲线较陡，灵敏度约为非差动式自感传感器的 2 倍。

采用差动式结构除了可以改善线性，提高灵敏度外，而且对外界的影响（如温度的变化、电源频率的变化等）也基本上可以互相抵消，衔铁承受的电磁吸力较小，从而可以减小测量误差。

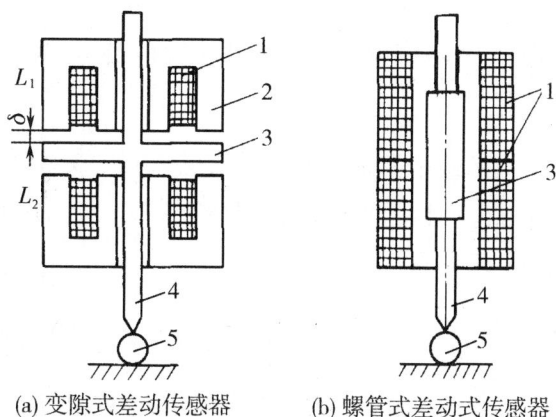

(a) 变隙式差动传感器　(b) 螺管式差动式传感器

1—差动线圈；2—铁心；3—衔铁；4—测杆；5—工件

图 3-5　差动式电感传感器

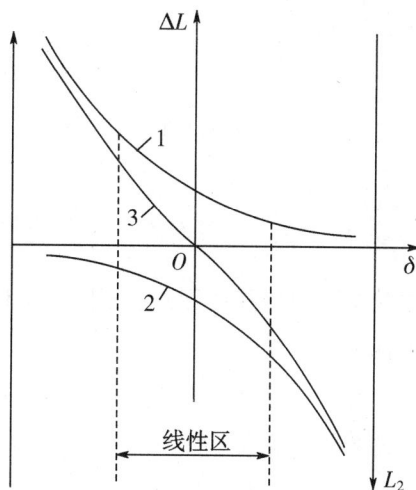

1—上线圈特性；2—下线圈特性；3—差接后的特性

图 3-6　差动式与单线圈电感传感器非线
**　　　性比较**

5）测量转换电路

（1）变压器电桥电路

变压器电桥电路如图 3-7 所示。相邻两工作臂 Z_1、Z_2 是差动电感传感器的两个线圈阻抗，另两臂为激励变压器的二次绕组，输出电压取自 A、B 两点。假定 D 点为零电位，且传感线圈为高 Q（线圈品质因数）值，即线圈直流电阻远小于其感抗，则可以推导其输出电压为

$$\dot{U}_O = \dot{U}_{AD} - \dot{U}_{BD} = \frac{Z_2}{Z_1 + Z_2}\dot{U} - \frac{\dot{U}}{2} = \frac{\dot{U}}{2}\frac{Z_2 - Z_1}{Z_1 + Z_2} \qquad (3-8)$$

当衔铁处于中间位置时,由于线圈完全对称,因此 $Z_1 = Z_2 = Z_0$,此时电桥平衡,输出电压 $\dot{U}_O = 0$。

当衔铁下移时,下线圈感抗增加,即 $Z_2 = Z_0 + \Delta Z$,而上线圈感抗减小为 $Z_1 = Z_0 - \Delta Z$,此时输出电压为

$$\dot{U}_O = \frac{\Delta Z}{2Z}\dot{U} \qquad (3-9)$$

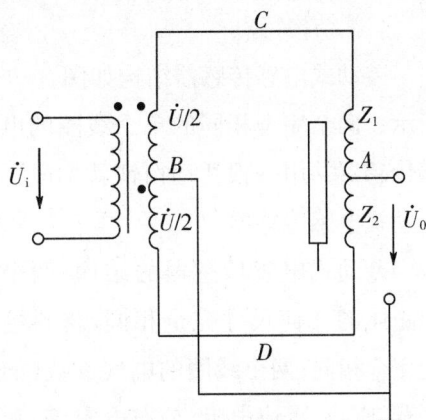

图 3-7　变压器电桥电路

因为 Q 值很高,线圈直流电阻可以忽略,所以

$$\dot{U}_O \approx \frac{j\omega\Delta L}{2j\omega L}\dot{U} = \frac{\dot{U}}{2L}\Delta L \qquad (3-10)$$

同理,衔铁上移时,可推得

$$\dot{U}_O \approx -\frac{\dot{U}}{2L}\Delta L \qquad (3-11)$$

综合式(3-10)和式(3-11)可得

$$\dot{U}_O \approx \pm\frac{\dot{U}}{2L}\Delta L \qquad (3-12)$$

虽然输出电压随位移方向不同而反相 $180°$,然而由于桥路电源是交流电,所以若在转换电路的输出端接上普通指示仪表时,实际上却无法判别输出的相位和位移的方向。更严重的是相关测量转换电路还存在一种称为零点残余电压的影响,所以在这个基础上引入了相敏整流电路。

(2) 相敏整流电路

如果输出电压在送到指示仪表前经相敏检波,不但反映了位移的大小($\dot{U}_O$ 幅值),而且反映了位移的方向($\dot{U}_O$ 相位)。

图 3-8 所示为引入相敏整流的电桥电路,电桥是由差动式自感电感传感器 Z_1、Z_2,以及平衡电阻 R_1、$R_2(R_1 = R_2)$组成,而 $VD_1 \sim VD_4$ 构成了相敏整流器,电桥的一条对角线接有交流电源,另一条对角线接有电压表。

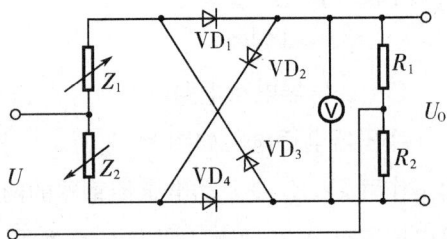

图 3-8　带有相敏整流的电桥电路

当差动式自感电感传感器处于中间位置时,$Z_1 = Z_2 = Z_0$,输出电压 U_O 为零。

　　当衔铁偏离中间位置上移而使 $Z_1(Z_1 = Z_0 + \Delta Z)$ 增加,则 $Z_2(Z_2 = Z_0 - \Delta Z)$ 减小。这时当电源 U 的上端为正,下端为负时,电阻 R_2 上的压降大于 R_1 上的压降;当电源 U 的下端为正,上端为负时,在电阻 R_1 上的压降大于 R_2 上的压降,则电压表有电压输出,且下端为正,上端为负。

　　当衔铁偏离中间位置下移而使 $Z_2(Z_2 = Z_0 + \Delta Z)$ 增加,则 $Z_1(Z_1 = Z_0 - \Delta Z)$ 减小,这时当电源 U 上端为正,下端为负时,电阻 R_1 上的压降大于 R_2 上的压降。当 U 上端为负,下端为正时,R_2 的压降则大于 R_1 的压降,电压表也有电压输出,且上端为正,下端为负。

　　比较变压器电压输出与带有相敏整流的电桥电路的电压输出可知,后者可以实现对位移方向的测量。图 3 - 9 所示为电桥电路整流器输出特性曲线。

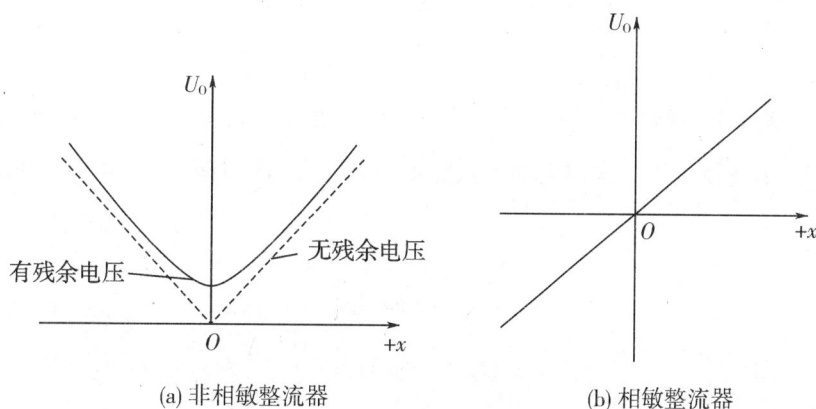

(a) 非相敏整流器　　　　　　　　(b) 相敏整流器

图 3 - 9　电桥电路整流器输出特性曲线

3　互感式电感传感器

　　自感式传感器是把被测位移量转换为线圈的自感变化,而互感式传感器则是把被测位移量转换为线圈间的互感变化。传感器本身相当于一个变压器,当一次线圈接入电源后,二次线圈就将产生感应电动势。当互感变化时,感应电动势也相应变化。由于传感器常做成差动形式,故称为差动变压器式传感器。实际应用中使用最广泛的是螺管式差动变压器。

　　1) 工作原理

　　差动变压器的结构原理如图 3 - 10 所示,在线框上绕有一组输入线圈(称一次线圈),在同一线框上另绕两组完全对称的线圈(称二次线圈),它们反向串联组成差动输出形式。理想差动变压器的原理如图 3 - 11 所示。

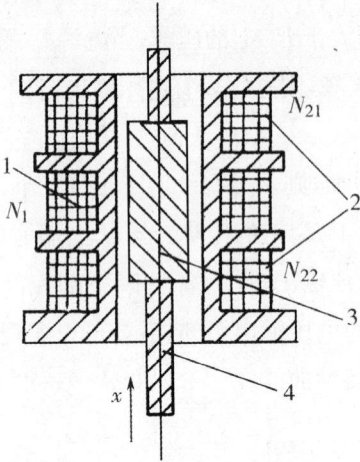

1——次线圈;2—二次线圈;3—衔铁;4—测杆

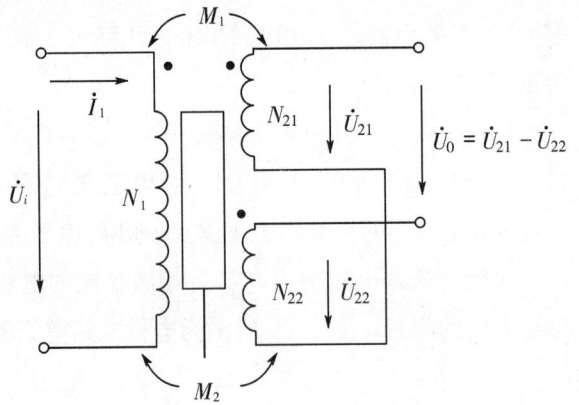

图 3 - 10　差动变压器结构示意图　　　图 3 - 11　差动变压器原理图

如图 3 - 11 所示,当一次线圈加入激励电源后,其二次线圈 N_{21}、N_{22} 产生感应电动势 $\dot{U}_{21}$、$\dot{U}_{22}$,且

$$\dot{U}_{21} = -j\omega M_1 \dot{I}_1$$

$$\dot{U}_{22} = -j\omega M_2 \dot{I}_2 \qquad (3-13)$$

式中,ω 为激励电源角频率;M_1、M_2 为一次线圈 N_1 与二次线圈 N_{21}、N_{21} 之间的互感;$\dot{I}_1$ 为一次线圈的激励电流。

由于 N_{21}、N_{22} 反向串联,所以二次线圈空载时的输出电压 U_O 为

$$\dot{U}_O = \dot{U}_{21} - \dot{U}_{22} = -j\omega(M_1 - M_2)\dot{I}_1 = j\omega(M_2 - M_1)\dot{I}_1 \qquad (3-14)$$

差动变压器的输出特性如图 3 - 12 所示。图中 x 表示衔铁位移量。当差动变压器的结构以及电源电压一定时,互感系数 M_1、M_2 的大小与衔铁的位置有关。

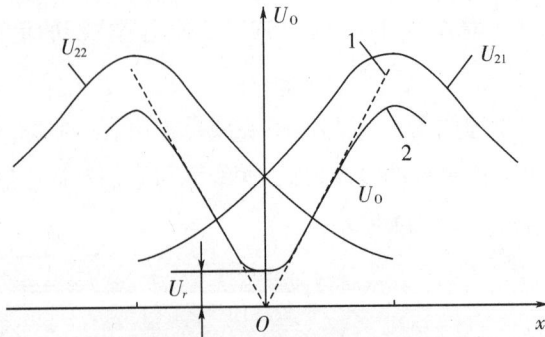

1—理想特性曲线;2—实验输出特性曲线

图 3 - 12　差动变压器输出特性曲线

当衔铁处于中间位置时，$M_1 = M_2 = M$，所以$\dot{U}_O = 0$。

当衔铁偏离中间位置向上移动时，N_1 与 N_{21} 之间的互感增大，$M_1 = M + \Delta M$，N_{22} 互感减小，$M_2 = M - \Delta M$，所以

$$\dot{U}_O = -2j\omega\Delta M \dot{I}_1 \qquad (3-15)$$

同理，当衔铁偏离中间位置向下移动时，可得

$$\dot{U}_O = 2j\omega\Delta M \dot{I}_1 \qquad (3-16)$$

综合式(3-13) 和式(3-14) 可得

$$\dot{U}_O = \pm 2j\omega\Delta M \dot{I}_1 \qquad (3-17)$$

差动变压器式传感器除以上结构形式外，还有其他的结构形式，例如美国贝克曼(Beckman)公司生产的差压变送器采用图 3-13 所示的结构，其特点是体积小、线性好。该传感器的上下互感线圈采用蜂房扁平结构，当被测压差为零时，圆片状铁氧体与两线圈的距离相等，$\dot{U}_O$ 为零。当该差压变送器在被测压力作用下而上下移动时，改变了上下互感线圈的互感系数，输出电压$\dot{U}_O$ 反映了铁氧体的位移大小和方向。

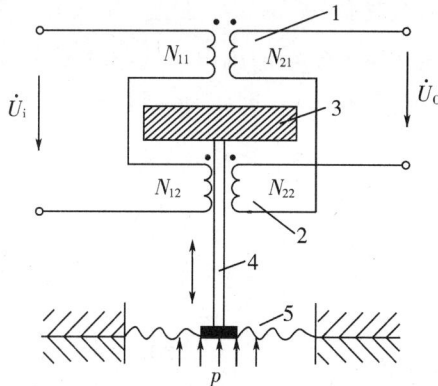

1—上互感线圈；2—下互感线圈；3—圆片状铁氧体；4—测杆；5—膜片

图 3-13　差压变送器示意图

2）主要性能

(1) 灵敏度

差动变压器的灵敏度是指衔铁移动单位位移时所产生的输出电势的变化，可以用 mV/mm 表示。在实际应用中，考虑到激励电压的影响，其灵敏度还可用 mV/(mm·V) 表示，即衔铁单位位移所产生的电势变化除以激励电压值。

影响差动变压器灵敏度的因素有:电源电压和频率;差动变压器一、二次线圈的匝数比;衔铁直径与长度,材料质量;环境温度;负载电阻等。

为了获得高的灵敏度,在不使一次线圈过热的情况下,可适当提高励磁电压,电源频率以 400 Hz~10 kHz 为佳。此外,提高灵敏度还可以采用以下措施:① 提高线圈 Q 值;② 活动衔铁的直径在尺寸允许的条件下尽可能大些,这样可使有效磁通增大;③ 选用导磁性能好、铁损小、涡流损耗小的导磁材料等。

（2）线性范围

理想的差动变压器输出电压应与衔铁位移呈线性关系。实际上,由于衔铁的直径、长度、材质和线圈骨架的形状、大小等因素均对线性有直接影响。差动变压器一般线性范围约为线圈骨架长度的 1/10。由于差动变压器中间部分磁场是均匀的且较强,所以只有中间部分的线性较好。

3）测量电路

差动变压器的输出电压是交流分量,且与衔铁位移成正比,其输出电压如用交流电压表测量则存在以下问题:① 总有零点残余电压输出,因而零点附近的小位移测量困难;② 无法判别衔铁移动的方向。为此常用以下测量电路解决上述问题。

（1）差动相敏检波电路

差动相敏检波电路的形式较多,图 3-14 是全波检波和半波检波两种形式。相敏检波电路要求参考电压和差动变压器次级输出电压的频率相同,相位相同或相反。为了保证上述要求,可在线路中接入移相电路。另外,要求参考电压的幅值应大于二极管导通电压的若干倍(因为参考电压在检波电路中起开关作用,若太小则起不到作用)。

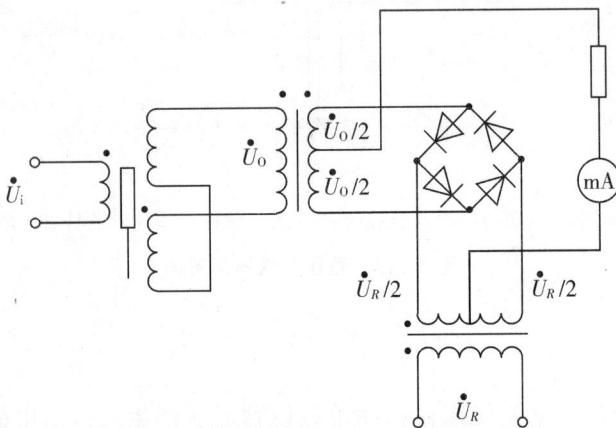

（a）全波检波

图 3-14　差动相敏检波电路

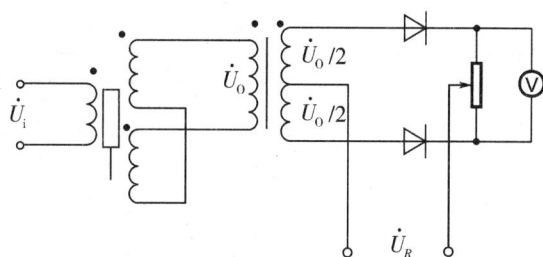

（b）半波检波

图 3‑14（续）　差动相敏检波电路

（2）差动整流电路

由于差动整流电路能克服零点残余电压的影响，所以该差动整流电路也常用作差动变压器的测量电路。如图 3‑15（a）所示，差动变压器的二次电压 U_{21}、U_{22} 分别经VD$_1$～VD$_4$、VD$_5$～VD$_8$ 两个普通桥式电路整流，变成直流电压 U_{ao}、U_{bo}。由于 U_{ao}、U_{bo} 是反向串联的 $U_{ab}=U_{ao}-U_{bo}$。该电路是以两个桥路整流后的直流电压之差作为输出，所以称为差动整流电路。由于整流后的电压是直流电压，所以不存在相位不平衡问题，只要电压的绝对值相等，差动整流电路就不会产生零点残余电压。图中的 R_P 是用于微调电路平衡。图 3‑15（b）是当衔铁上移时各点的输出波形。当差动变压器采用差动整流测量电路时，应注意其电压比（一次线圈和二次线圈的匝数比），使 U_{21}、U_{22} 在衔铁最大位移时，仍然能大于二极管导通电压（0.7 V）的 3 倍以上，才能克服二极管的正向非线性的影响，从而减小测量误差。

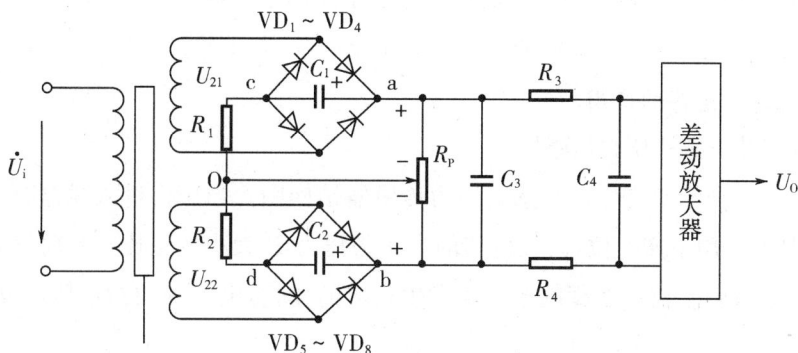

（a）差动整流电路

图 3‑15　差动整流

(b) U_{ao}、U_{21} 波形

(c) U_{22}，V_{bo} 波形

(d) U_{ab} 电压波形

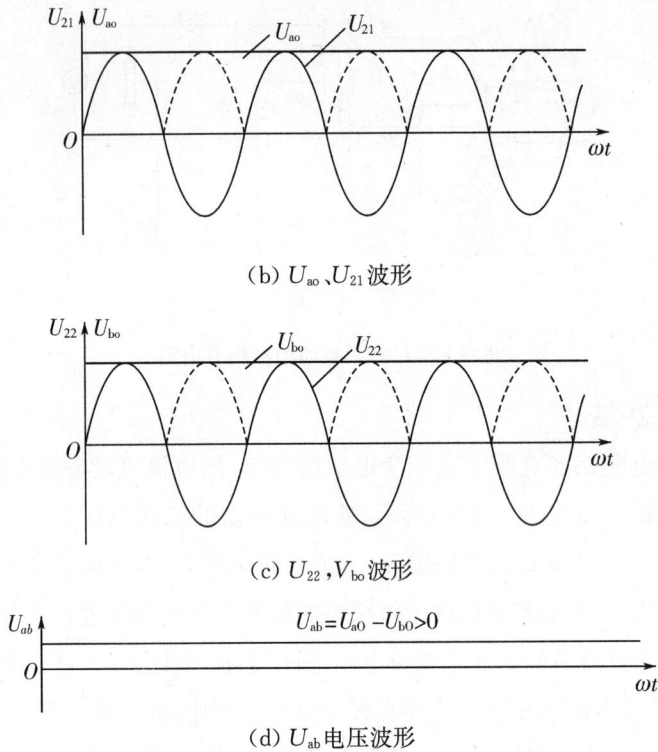

图 3 - 15(续)　差动整流

4　正确使用电感传感器

自感式电感传感器和差动变压器式传感器主要用于位移测量,凡是能转换成位移变化的参数(如力、压力、压差、加速度、振动、工件尺寸等)均可测量。

1) 自感式传感器的使用

(1) 变气隙自感式压力传感器

如图 3 - 16 所示为变气隙自感式压力传感器结构图。当压力进入膜盒时,膜盒的顶端在压力 P 的作用下产生位移,该位移的大小与压力 P 大小成正比。此时,衔铁发生移动,使气隙发生变化,流过线圈的电流也发生相应的变化,电流表的指示值就反映了被测压力的大小。

(2) 差动式变气隙自感压力传感器

差动式变气隙自感压力传感器示意图如图 3 - 17 所示。当被测压力进入 C 形弹簧管时,C 形弹簧管产生变形,从而使其自由端发生位移,带动与自由端连接成一体的衔铁运动,最终使得线圈 1 和线圈 2 中的电感发生大小相等、符号相反的变化,即一个自感量增大,另一个自感量减小。电感的这种变化通过电桥电路转换为电压的形式输出。若想得

知被测压力的大小,只需用检测仪表测量其输出电压即可。

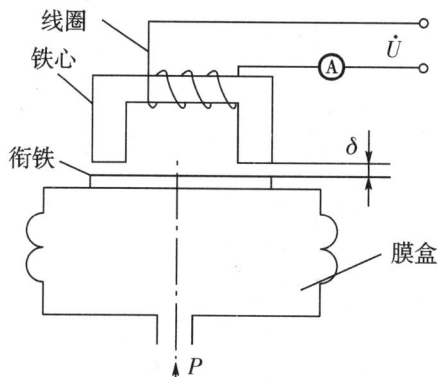

图 3‑16　变气隙自感式压力传感器结构图

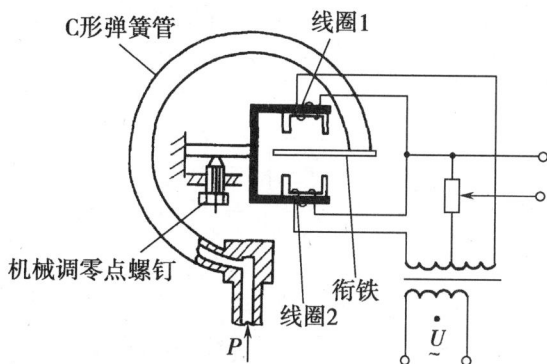

图 3‑17　差动式变气隙自感压力传感器

2）互感式传感器的使用

（1）差动变压器式加速度传感器差动变压器式加速度传感器是由悬臂梁和差动变压器构成,其结构如图 3‑18 所示。测量时,首先将悬臂梁底座和差动变压器的线圈骨架固定,而将衔铁的 A 端与被测振动体相连,此时,由于传感器为加速度测量中的惯性元件,故其位移与被测加速度成正比,使加速度测量转变为位移的测量。当被测体带动衔铁振动时,差动变压器的输出电压也按相同规律变化。

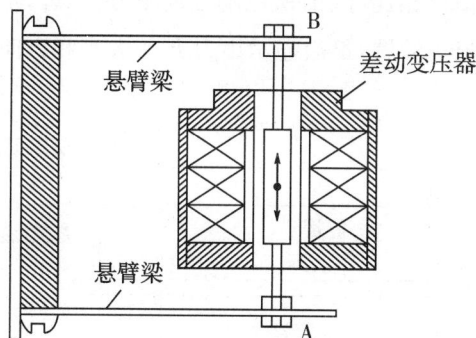

图 3‑18　差动变压器式加速度传感器原理图

（2）力平衡式差压计

力平衡式差压计的原理结构图如图 3‑19 所示。图中 N_1 是差动变压器的一次线圈, N_{21} 和 N_{22} 是二次线圈。VD_1、VD_2 和 C 构成半波整流滤波电路。

当衔铁处于中间位置时,膜盒也处于中间位置,此时膜盒受到的上下压力相同,即 $P_1 = P_2$,差动变压器的输出电压 $U_O = 0$。当膜盒上下压力不同时,即 $P_1 \neq P_2$,膜盒产生位移,带动差动变压器的衔铁运动,差动变压器的输出 $U_O \neq 0$,其大小和方向反映了衔铁的位移和方向,也就能测出 P_1 和 P_2 的压力差。

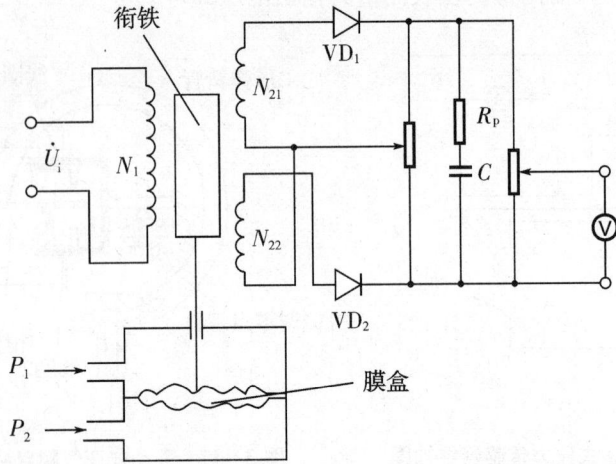

图 3‑19　力平衡式差压计

（3）力传感器

差动变压器式力传感器原理结构图如图 3‑20 所示。力传感器是在外力作用下引起弹性元件形变，弹性元件的形变带动差动变压器的衔铁运动，从而产生相应的电流或电压输出。差动变压器式力传感器的工作原理是：在没有力 F 的作用下，板簧无形变，衔铁处于中间位置，输出电压为零；在力 F 的作用下，金属杆向下移动，带动下方的形变板簧，使其产生形变，而板簧又与衔铁相连，故衔铁也随之向下移动，差动变压器会有一定的电压输出，再经过测量机构和显示装置，最后显示出力 F 的大小和方向。

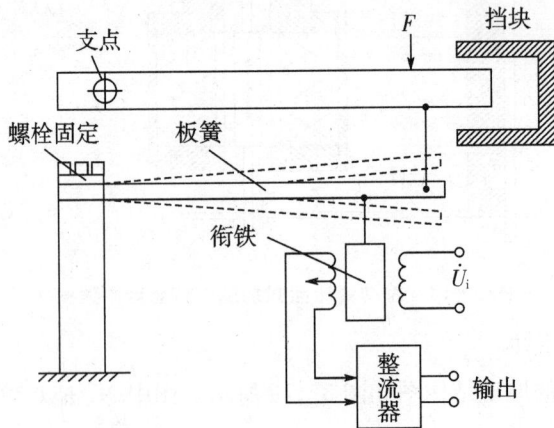

图 3‑20　力传感器原理图

（4）差动变压器式电感测微仪

差动变压器式电感测微仪是一种测量微位移装置，其测量电路如图 3‑21 所示。差动变压器线圈和电阻组成交流测量电桥，电桥输出交流电压，经放大器放大后送至相敏检波器,检波输出直流电压由显示装置显示输出。

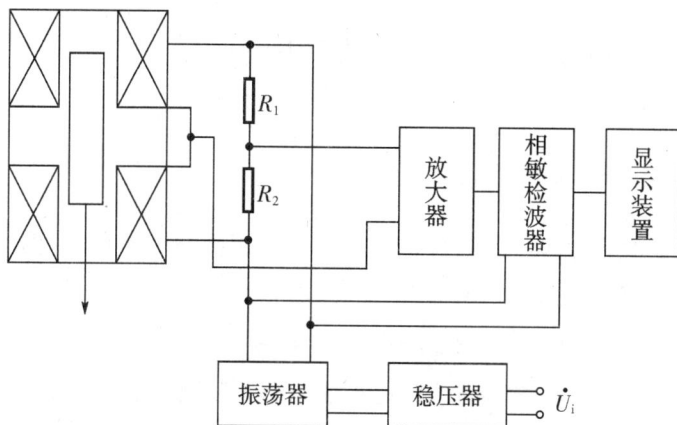

图 3-21 启动变压器式电感测微仪

◆**拓展知识**

电感式接近开关传感器的选型及其使用、调试方法

电感式接近开关传感器因具有体积小、重复定位精度高、使用寿命长、抗干扰性能好、可靠性高、防尘、防油、抗振动等特点,故广泛用于各种自动化生产线、机电一体化设备及石油、化工、军工、科研等多种行业。

1 工作原理

电感式接近开关是一种利用涡流感知物体的传感器。该电感式接近开关是由高频振荡电路、放大电路、整形电路和输出电路组成。振荡器是由绕在磁心上的线圈所构成的 LC 振荡电路。振荡器通过传感器的感应面,在其前方产生一个高频交变的电磁场,当外界的金属物体接近这一磁场,并达到感应区时,在金属物体内产生涡流效应,从而导致 LC 振荡电路振荡减弱或停止振荡,这一振荡变化被后置电路放大处理并转换为一个具有确定开关输出信号,从而达到非接触式检测的目标。

2 电气指标

(1) 工作电压是指电感式接近开关传感器的供电电压范围,在此范围内保证传感器的电气性能和安全工作。

(2) 工作电流是指电感式接近开关传感器连续工作时的最大负载电流。

(3) 电压降是指在额定电流下开关导通时,在开关两端或输出端所测量的电压。

（4）空载电流是指在没有负载时，测量所得的传感器自身所消耗的电流。

（5）剩余电流是指开关断开时，流过负载的电流。

（6）极性保护是指防止电源极性误接的保护功能。

（7）短路保护是指超过极限电流时，输出会周期性地封闭或释放，直至短路被清除。

3 电感式接近开关传感器的选型

（1）根据安装要求，合理选用电感式接近开关传感器的外形和检测距离。

（2）根据供电，合理选用其工作电压。

（3）根据实际负载，合理选择传感器的工作电流。

（4）选择接线方式。电感式接近开关传感器的输出方式有以下几种（图 3 - 22），可根据使用对象的要求合理选择接线方式。

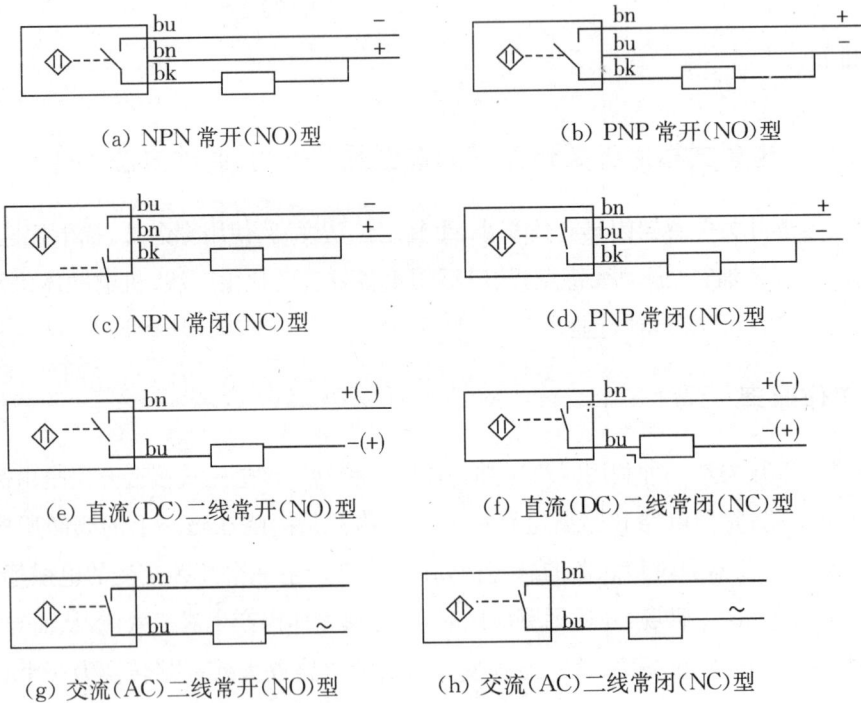

（a）NPN 常开（NO）型   （b）PNP 常开（NO）型

（c）NPN 常闭（NC）型   （d）PNP 常闭（NC）型

（e）直流（DC）二线常开（NO）型   （f）直流（DC）二线常闭（NC）型

（g）交流（AC）二线常开（NO）型   （h）交流（AC）二线常闭（NC）型

图 3 - 22 电感式接近开关传感器的输出方式

4 使用方法

（1）直流两线制接近开关的 ON 状态和 OFF 状态实际上是电流大、小的变化。当接近开关处于 OFF 状态时，仍有很小电流通过负载；当接近开关处于 ON 状态时，电路上约有 5 V 的电压降。因此，在实际使用中必须考虑控制电路上的最小驱动电流和最低驱动电压,以确保电路正常工作。

(2) 直流三线制串联时,应考虑串联后其电压降的总和。

(3) 如果在传感器电缆线附近有高压或动力线存在时,应将传感器的电缆线单独装入金属导管内,以防干扰。

(4) 使用两线制传感器时,连接电源需确定传感器是否先经负载,然后再接至电源,以免损坏内部元件。当负载电流小于 3 mA 时,为保证可靠工作,需接假负载,即:

$$R \leqslant U_S/(I_L-3), \quad P > U_S^2/R$$

式中,P 为假负载消耗功率;R 为假负载阻值;I_L 为传感器的负载电流。

任务 2　振动和偏心检测

◆任务背景

图 3-23 所示为齿轮箱内部结构。在高速旋转机械和往复式运动机械的状态分析,以及振动研究分析测量中,对非接触的高精度振动、位移信号,需要连续准确地采集转子振动状态的多种参数,如轴的径向振动、振幅以及轴向位置。从转子动力学、轴承学的理论上分析,大型旋转机械的运动状态主要取决于其核心——转轴,而电涡流传感器能直接非接触测量转轴的

图 3-23　齿轮箱内部结构

状态,对诸如转子的不平衡、不对中、轴承磨损、轴裂纹及发生摩擦等机械问题的早期判定可提供关键的信息。电涡流传感器以其长期工作可靠性好、测量范围宽、灵敏度高、分辨率高、响应速度快、抗干扰力强、不受油污等介质的影响、结构简单等优点,可广泛应用于电力、石油、化工、冶金等行业对汽轮机、水轮机、鼓风机、压缩机、齿轮箱、大型冷却泵等大型旋转机械的动态和静态非接触式位移测量。

◆ **相关知识**

电涡流传感器能静态和动态非接触、高线性度、高分辨力测量被测金属导体距探头表面的距离。电涡流传感器是一种非接触的线性化计量工具,并能准确测量被测体(必须是金属导体)与探头端面之间静态和动态的相对位移变化。

扫一扫观看电涡流
传感器演示图片

1　电涡流传感器的外形结构和性能指标

1)外形结构

常用电涡流传感器的外形结构如图 3－24 所示。

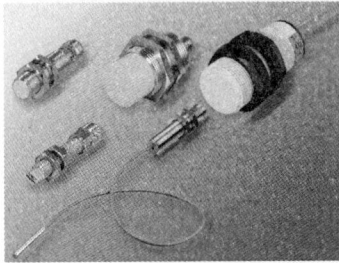

(a) 4～20 mA 电涡流位移传感器　　(b) 齐平式电涡流位移传感器　　(c) V 系列电涡流位移传感器

图 3－24　常用电涡流传感器的外形结构

2)性能指标

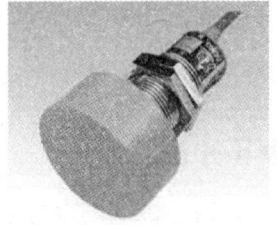

表 3－2 给出了 V 系列电涡流位移传感器的性能指示。

表 3－2　V 系列电涡流位移传感器性能指标

型号	工作电压/V	静态功耗/W	输出电流/mA	输出电压/VDC	线性距离/mm	重复精度/%	响应时间/ms	环境温度/℃	灵敏度调节	输出形式	驱动形式	使用寿命/h
VLG10－8	15～30	≤0.8	≤5	0～10	2～10	1.0	3	－25～75	具备	双态通用	运放驱动	≥10 000
VLN20－8	15～30	≤0.8	≤5	0～10	4～16	1.5	5	－25～75	具备	双态通用	运放驱动	≥10 000
VPI－P10	15～30	≤0.5	≤5	0～10	4～20	1.5	5	－25～75	具备	单态输出	运放驱动	≥10 000

2　电涡流传感器的工作原理

根据法拉第电磁感应定律,块状金属导体置于变化的磁场或在磁场中做切割磁力线运动时,导体内将产生呈漩涡状流动的感应电流,称之为电涡流或涡流。电涡流的产生必然要消耗一部分能量,从而使产生磁场的线圈阻抗发生变化,这种现象称为涡流效应。涡流的大小与金属体的电阻率 ρ、磁导率 μ、金属板的厚度 d、线圈与金属导体的距离 x、线圈的励磁电流频率 f 等参数有关。

电涡流式传感器就是利用涡流效应,将非电量转换为线圈阻抗变化进行测量。

3　高频反射式电涡流传感器

高频反射式电涡流传感器采用高频信号源,其原理及等效电路分别如图 3-25(a)和图 3-25(b)所示。根据电磁感应定律,当传感器线圈通以交变电流 $\dot{I}_1$ 时,线圈周围必然产生交变磁场 H_1,使置于此磁场中的金属导体中产生感应电涡流 $\dot{I}_2$,$\dot{I}_2$ 又产生新的交变磁场 H_2。根据楞次定律,H_2 将反抗原磁场 H_1 的变化,导致传感器线圈的等效阻抗(或等效电感)发生变化。

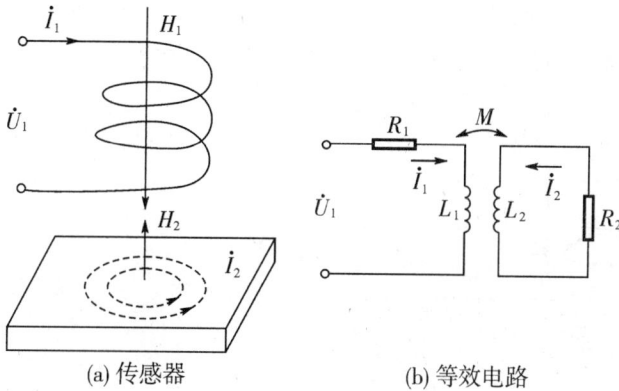

(a) 传感器　　　　　　　(b) 等效电路

图 3-25　高频反射式电涡流传感器

电感变化程度取于线圈的外形尺寸、线圈至金属板之间的距离、金属板材料的电阻率和磁导率以及电源频率等。

为了充分有效地利用涡流效应,对于平板型的被测体则要求被测体的半径应大于线圈半径的 1.8 倍,否则就要降低灵敏度。当被测物体是圆柱体时,被测导体半径必须为线圈半径的 3.5 倍以上,灵敏度才不受影响。一般来说,被测体的磁导率越高,电阻率越低,则传感器的灵敏度越高。

4　低频透射式电涡流传感器

低频透射式传感器采用低频信号源,因而有较大的贯穿深度,适合于测量金属材料的厚度。传感器包括发射线圈和接收线圈,并分别位于被测体的上方和下方。

图 3-26 所示为低频透射式涡流传感器结构原理图。发射线圈 L_1 设置在被测金属的上方,接收线圈 L_2 设置在被测金属板的下方。当在 L_1 上加低频电压 $\dot{U}_1$ 时,L_1 将产生

交变磁通 Φ_1，若两线圈之间无金属板，则交变磁场直接耦合至 L_2，L_2 产生感应电压 $\dot{U}_2$。若将被测金属板放入两线圈之间，则 L_1 产生的磁通将导致在金属板中产生电涡流 $\dot{I}_0$，此时磁场能量受到损耗，到达 L_2 的磁通将减弱为 Φ_2，从而使 L_2 产生的感应电压 $\dot{U}_2$ 下降。显然，金属板厚度尺寸 d 越大，穿过 L_2 到达的磁通 Φ_2 就越小，感应电压 $\dot{U}_2$ 也相应减小。因此，可根据 $\dot{U}_2$ 的大小得知被测金属板的厚度。图 3-27 所示为电压与金属板厚度、频率关系曲线。

图 3-27 中，已知 $f_1 < f_2 < f_3$，故频率越低，磁通穿透能力越强，接收线圈上感应的电压 $\dot{U}_2$ 也越高。频率较低时，线性较好，因此要求线性好时应选择较低的信号源频率（通常为 1 kHz 左右）。测薄板时应选较高的信号源频率，测厚板时应选较低的信号源频率。测电阻率较小的材料（如紫铜）时，选用较低的频率（500 Hz），而测电阻率较大的材料（如黄铜、铝）时，则选用较高的频率（2 kHz），从而保证传感器在测量不同材料时的线性度和灵敏度。

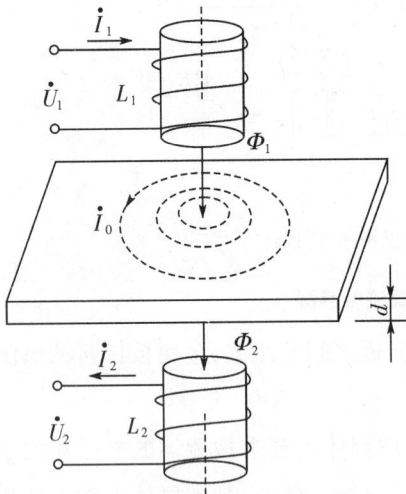

图 3-26　低频透射式涡流传感器结构原理图

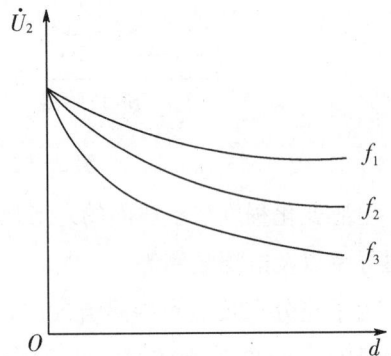

图 3-27　电压与金属板厚度、频率关系曲线

5　电涡流传感器的测量电路

根据电涡流式传感器的基本原理，传感器线圈与被测金属导体间距离的变化可以转化为传感器线圈的阻抗或电感的变化。测量电路则是把这些参数的变化转换为电压或电流输出，常用的测量电路有电桥电路和谐振电路。

1）电桥电路

测量时，由于传感器线圈的阻抗发生变化，使电桥失去平衡，因电桥不平衡造成的输出信号被放大并检波,就可得到与被测量成正比的输出,其电路原理图如图3-28所示。

图3-28中,传感器线圈L_1和L_2分别与选频电容C_1和C_2并联组成两个桥臂,电阻R_1和R_2组成另外两个桥臂。静态时,电桥平衡,桥路输出电压为零;工作时,传感器接近被测体,由于涡流效应而引起传感器线圈电感变化,电桥失去平衡,有电压输出。经放大后送至检波器检波,输出直流电压U_0,U_0的大小正比于传感器的位移量,从而实现对位移量的测量。

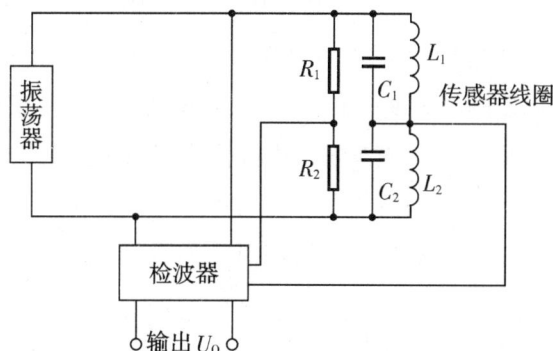

图3-28 电涡流式传感器电桥电路

2) 谐振电路

将传感器线圈与电容并联组成LC并联谐振电路,当传感器接近被测金属导体时,线圈电感发生变化,LC回路的阻抗和谐振频率将随着L的变化而变化,因此,可以利用测量回路阻抗或谐振频率的方法间接反映出传感器的被测量,相应的方法有调幅法和调频法,具体电路如图3-29所示。调幅电路是把传感器电感的变化转换成为电压幅度的变化输出,而调频电路是把传感器电感的变化转换成为电压频率的变化输出。

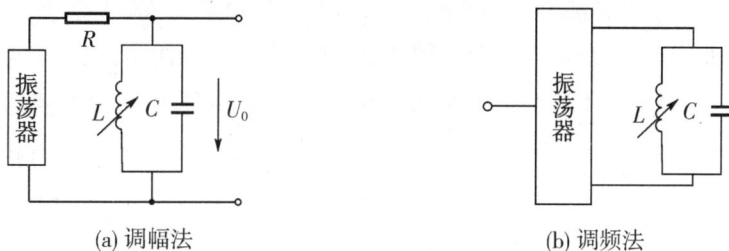

(a) 调幅法   (b) 调频法

图3-29 谐振电路

6 正确使用电涡流传感器

1) 对被测体的要求

为了防止电涡流产生的磁场影响仪器的正常工作,安装时传感器头部四周必须留有一定范围的非导电介质空间,如果在某一部位要同时安装两个以上的传感器,就必须考虑是否会产生交叉干扰,两个探头之间一定要保持规定的距离,被测体表面积应为探头直径3倍以上,当无法满足此要求时,可以适当减小,但这是以牺牲灵敏度为代价的,一般探头直径等于被测体表面积时,灵敏度降低至70%,所以当灵敏度要求不高时可适当缩小测量表面积。

2) 对工作温度的要求

一般进口的涡流传感器最高温度不大于180 ℃,而国产的只能达到120 ℃,并且这些数据来源于生产厂家,其中有很大的不可靠性。据相关的资料分析,实际上,工作温度超过70 ℃时,电涡流传感器的灵敏度就有显著降低,甚至会造成传感器的损坏。在核电站工业、涡轮发动机制造、火箭发射、汽车发动机检验、冶金钢铁熔炉等领域需要耐高温的电涡流传感器耐受性必须很高,电涡流传感器的灵敏度受温度影响,轴振测量时安装使用电涡流传感器应尽量远离汽封,只有特制的耐高温传感器(如高低温电涡流传感器)才能用于安装汽封附近。

3) 对探头支架的要求

电涡流传感器应安装在固定支架上,支架的好坏将直接决定测量的效果,因此,要求支架应有足够的刚度,以提高自振频率,避免或减小被测体振动时支架也同时受激自振。据资料表明,支架的自振频率至少应为机械旋转速度的10倍,支架应与被测表面切线方向平行,传感器垂直安装在支架上,虽然探头的中心线在垂直方向偏15°角时对系统特性没有影响,但最好还是保证传感器与被测面垂直。

4) 对初始间隙的要求

各种型号电涡流传感器在一定的间隙电压值下,其读数才有较好的线性度,所以在安装传感器时必须调整好合适的初始间隙,对每种型号的电涡流传感器应进行特性试验,绘出相应的特性曲线,工程技术人员在使用传感器时必须仔细研究配套的校验证书,认真分析其特性曲线,以确定传感器是否满足所要测量的间隙,一般传感器直径越大,而所测量间隙也越大。

◆拓展知识

电涡流式传感器的应用

电涡流式传感器是以电涡流效应为原理的非接触式位移的振动传感器。非接触式位移传感器可对处于测量范围内的金属物体的运动参数进行精密的非接触测量。非接触式振动传感器可用于机械中的振动和位移,转子与机壳的热膨胀量的长期检测;生产线的在线自动检测和自动控制；科学研究中的多种微小距离和微小运动的测量等。总之，电涡流传感器已广泛应用于能源、化工、医学、汽车、冶金、机器制造、军工、科研等诸多领域，并且应用范围不断扩展。

1　电涡流式转速传感器

电涡流式转速传感器工作原理如图 3－30 所示。在软磁材料制成的输入轴上加工一个键槽，在距输入表面 d_0 处设置电涡流传感器，使得输入轴与被测旋转轴相连。当被测旋转轴转动时，传感器与被测体的距离发生变化。由于电涡流效应，这种变化将导致振荡谐振回路中传感器线圈电感随 Δd 的变化也发生变化，它们将直接影响振荡器的电压幅值和振荡频率。因此，随着输入轴的旋转，由振荡器输出的信号中包含与转数成正比的脉冲频率信号 f_0。该信号由检波器检出电压幅值的变化量，然后经整形电路输出脉冲频率信号 f_0。该信号经电路处理便可得到被测转速，这种转速传感器可实现非接触式测量，其特点是抗干扰能力很强，可安装在旋转轴旁，长期对被测转速进行监视，且其最高测量转速可达 600 000 r/min。

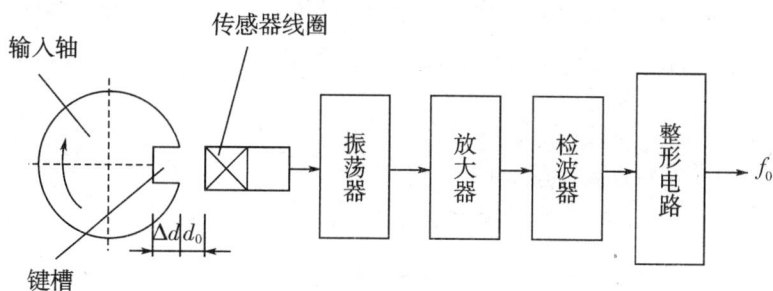

图 3－30　电涡流式转速传感器工作原理图

2　电涡流式厚度传感器

电涡流式厚度传感器包括高频反射式和低频透射式涡流厚度传感器，其中，高频反射式涡流测厚原理图如图 3－31 所示。为了克服带材不够平整或运行过程中上下波动的影响，在带材的上、下两侧对称地设置了两个特性完全相同的涡流传感器 S_1 和 S_2。S_1、S_2 与被测带材表面之间的距离分别为 x_1 和 x_2。若带材厚度不变，则被测带材上、下表面之间的距离总有 x_1 与 x_2 之和为常数的关系存在。两个传感器的输出电压之和为 U_O，数值不变。若被测带材厚度改变量为 Δd，则两个传感器与带材之间的距离也改变了一个 Δd，此时两个传感器输出电压为 $U_O+\Delta U$。ΔU 经放大器放大后，通过指示仪表电路即可指示出带材的厚度变化值。带材厚度给定值与偏差指示值的代数和就是被测带材的厚度。

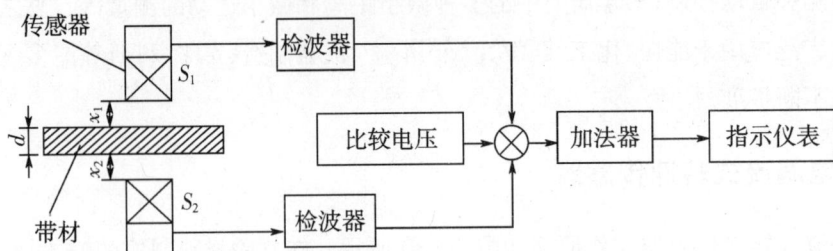

图 3‒31　高频反射式涡流测厚原理图

3　电涡流探伤

电涡流探伤可用于检查金属的表面裂纹、热处理裂纹以及焊接部位的探伤等。在探伤时,将缺陷信号和干扰信号进行分析比较。为了获得所需的频率而采用滤波器,滤波器能使某一频率的信号通过,并使干扰频率信号衰减。

当通有交变电流的检测线圈靠近导电的被测体时,由于激励线圈磁场的作用,被测体中产生涡流。所产生的涡流的大小、相位及流动形式会受到被测体导电性能的影响,同时,涡流也会产生一个磁场,这个磁场反过来又会使检测线圈的阻抗发生变化。因此,通过测定检测线圈阻抗的变化,就可以判断出被测体的性能和有无缺陷等,其基本原理如图 3‒32所示。

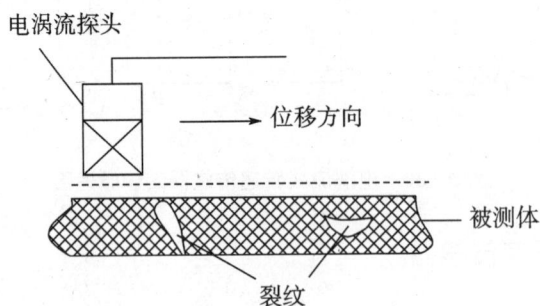

图 3‒32　电涡流探伤原理图

任务 3　数控机床的位移检测(光栅传感器)

◆任务背景

图 3‒33 所示数控机床。检测元件是数控机床闭环伺服系统的重要组成部分。其作

用是检测位置和速度、发送反馈信号、构成闭环控制。闭环系统的数控机床的加工精度主要取决于检测系统的精度。位移检测系统能够测量出的最小位移量称为分辨率。分辨率不仅取决于检测装置本身,而且取决于测量线路。因此,研制和选用性能优越的检测装置是非常重要的。

图 3-33 数控机床加工实况

数控机床对检测装置的要求主要有:① 工作可靠,抗干扰性强;② 使用维护方便,适应机床的工作环境;③ 满足精度和速度的要求;④ 成本低。不同类型的数控机床对检测装置的精度和适应的速度是不同的。大型机床是以满足速度要求为主,而中小型机床和高精度机床则是以满足精度要求为主。选择测量系统的分辨率要比加工精度高 1 个数量级。因此,根据数控机床检测工作台位移的要求,可选择光栅传感器。

◆ 相关知识

光栅是通过在基体(如玻璃)上均匀地刻画栅线而形成的,包括物理光栅和计量光栅。物理光栅用于光谱分析已经有一百多年的历史,而计量光栅则是 20 世纪 50 年代以后,随着数控机床的出现和电子技术的发展才得以快速发展的,现已广泛应用于精密位移测量和精密机械的自动控制等方面,尤其是在数控机床中。这里介绍的光栅属于计量光栅。

计量光栅的工作基础是莫尔条纹,它是依据两块光栅重叠时形成的莫尔条纹的变化反映两光栅的相对位移量的原理进行位移的测量。

1 光栅传感器的外形和结构

常用光栅的外形和结构如表 3-3 所示。

扫一扫观看光栅
传感器演示图片

表 3 - 3　常用光栅传感器的外形和结构

光栅传感器名称	外　形	结构组成
光栅尺		包括尺身、反射式扫描头（与移动部件固定）和可移动电缆。
反射式光栅		包括红外光源、透镜、栅格、刻线钢带和光电二极管接收器。
透射式光栅		包括红外光源、透镜、栅格、刻线玻璃和光电二极管接收器。
透射式圆光栅		包括红外光源、透镜、栅格、刻度盘和光电二极管接收器。

2 光栅的分类与结构

1) 光栅的分类

(1) 按光栅的形状和用途可分为长光栅和圆光栅,前者用于测量长度,后者用于测量角度。其中,圆光栅又分为径向光栅和切向光栅,径向光栅是通过沿圆形基体的周边在直径方向上刻画栅线而形成的,而切向光栅沿周边刻画全部栅线都与中央的一个半径为 r 的小圆相切。

(2) 按光线的路径可分为透射光栅和反射光栅。透射光栅式在透明玻璃上均匀地刻画间距、宽度相等的栅线形成的,反射光栅式在具有强反射能力的基体(一般用不锈钢或镀金属膜的玻璃做基体)上,均匀地刻画间距、宽度相等的栅线而成的。

此外,按光栅的物理原理分为黑白光栅(幅值光栅)和闪耀光栅(相位光栅)。长光栅中有黑白光栅,也有闪耀光栅,两者均有透射式和反射式,而圆光栅一般只有黑白光栅,主要是透射光栅。

2) 光栅的结构

透射式直线光栅的应用比较广泛。直线光栅通常包括一长和一短两块配套使用,其中长的称为标尺光栅或长光栅,一般固定在机床移动部件上(如工作台上),要求与行程等长,而短的为指示光栅或短光栅,装在机床固定部件上。两光栅尺是刻有均匀密集线纹的透明玻璃片,线纹密度为 25、50、100、250 条/mm 等。图 3-34 给出了光栅检测装置的安装结构。

光栅尺是在真空镀膜的玻璃片或长条形金属镜面上光刻出均匀密集的线纹。光栅的线纹相互平行,线纹之

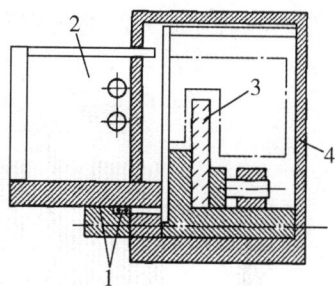

1—防护垫;2—光栅读数头;
3—标尺光栅;4—防护罩

图 3-34 光栅的结构

间的距离为栅距。对于圆光栅,这些线纹是圆心角相等的向心条纹。两条向心条纹线之间的夹角为栅距角。栅距角是光栅的重要参数。对于长光栅,金属反射光栅的线纹密度为 25～50 条/mm;玻璃透射光栅为 100～250 条/mm。对于圆光栅,一周内刻有 10 800 条线纹(圆光栅直径为 Φ270 mm)。

光栅读数头又叫光电转换器,能将把光栅莫尔条纹变成信号。图 3-35 为垂直入射的读数头。读数头是由光源,透镜、指示光栅、光敏元件和驱动线路组成。图中的标尺光栅不属于光栅读数头,但要穿过光栅读数头,且保证与指示光栅有准确的相互位置关系。光栅读数头有分光读数头、反射读数头和镜像读数头等几种。

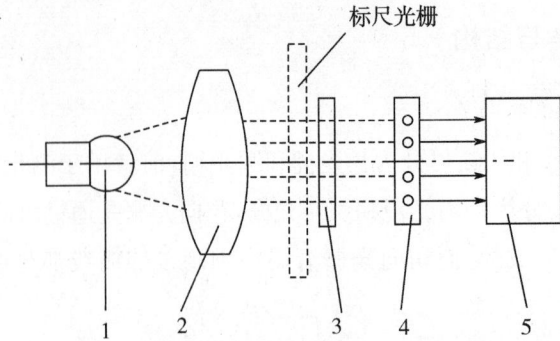

1—光源；2—透镜；3—指示光栅；4—光敏元件；5—驱动

图 3-35 光栅读数头

3 莫尔条纹和特性

当指示光栅上的线纹与标尺光栅上的线纹成一小角度放置时，两光栅尺上线纹互相交叉。在光源的照射下，交叉点附近的小区域内黑线重叠，形成黑色条纹，其他部分为明亮条纹，这种明暗相间的条纹称为莫尔条纹（图 3-36）。

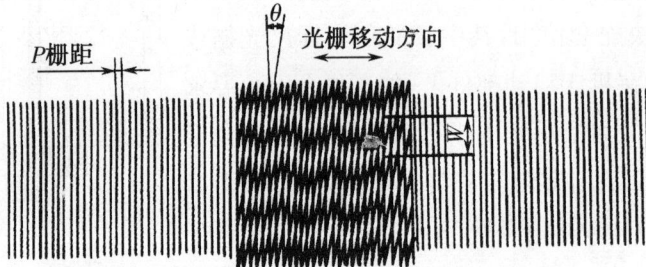

图 3-36 莫尔条纹

莫尔条纹与光栅线纹几乎成垂直方向排列，严格地说，是与两光栅线纹夹角的平分线相垂直。莫尔条纹具有如下特点：

（1）放大作用

用 W 表示莫尔条纹的宽度，mm；P 表示栅距，mm；θ 为光栅线纹之间的夹角，rad；如图 3-36 所示则有：

$$W = \frac{P}{\sin\theta} \approx \frac{P}{\theta} \qquad (3-18)$$

莫尔条纹宽度 W 与角 θ 成反比，θ 越小，放大倍数越大。

（2）均化误差作用

莫尔条纹是由光栅的大量刻线共同组成，例如 200 条/mm 的光栅，10 mm 宽的光栅就由 2 000 条线纹组成，这样栅距之间的固有相邻误差就被平均化，消除了栅距之间不均匀造成的误差。

（3）莫尔条纹的移动与栅距的移动成比例

当光栅尺移动一个栅距 P 时，莫尔条纹也刚好移动了一个条纹宽度 W。只要通过光电元件测出莫尔条纹的数目，就可知道光栅移动了多少个栅距，也就能计算出工作台移动的距离。若光栅移动方向相反，则莫尔条纹移动方向也相反（图 3-36）。

若标尺光栅不动，将指示光栅转一很小的角度，两者移动方向及光栅夹角关系如表 3-4 所示。因莫尔条纹移动方向与光栅移动方向垂直，可用检测垂直方向宽大的莫尔条纹代替光栅水平方向移动的微小距离。

表 3-4　莫尔条纹移动方向与光栅移动方向和光栅夹角的关系

指示光栅转角方向	标尺光栅移动方向	莫尔条纹移动方向
逆时针方向	右	上
	左	下
顺时针方向	右	上
	左	下

光栅测量系统由光源、聚光镜、光栅尺、光电元件和驱动线路组成。读数头光源采用普通的灯泡，发出辐射光线，经过聚光镜后变为平行光束，照射光栅尺。光电元件（常使用硅光电池）接收透过光栅尺的光信号，并将其转换成相应的电压信号。由于此信号比较微弱，在长距离传递时，很容易被各种干扰信号淹没，造成传递失真，驱动线路的作用就是将电压信号进行电压和功率放大。除标尺光栅与工作台一起移动外，光源、聚光镜、指示光栅、光电元件和驱动线路均装在一个壳体内，做成一个单独部件固定在机床上，这个部件称为光栅读数头，又叫光电转换器，其作用把光栅莫尔条纹的光信号变成电信号。

4　光栅传感器测量位移的原理

当光栅移动一个栅距，莫尔条纹便移动一个条纹宽度，假定开辟一个小窗口来观察莫尔条纹的变化情况，就会发现它在移动一个栅距期间明暗变化了一个周期，理论上光栅亮度变化是一个三角波形，但由于漏光和不能达到最大亮度，被削顶削底后而近似一个正弦波（图 3-37）。硅光电池将近似正弦波的光强信号变为同频率的电压信号（图 3-38），经光栅位移——数字变换电路放大、整形、微分输出脉冲。每产生一个脉冲就代表移动了一个栅距那么大的位移，通过对脉冲计数便可得到工作台的移动距离。

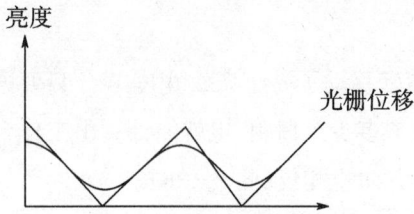

图 3-37　光栅的实际亮度变化　　　　　图 3-38　光栅的输出波形图

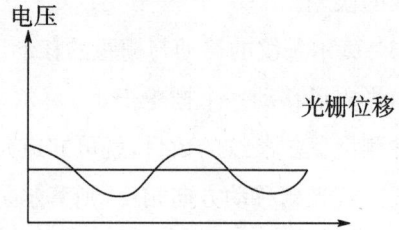

采用一个光电元件,即只开一个窗口观察,只能计数,却无法判断移动方向。因为无论莫尔条纹上移或下移,从一固定位置看其明暗变化是相同的。为了确定运动方向,至少要放置两个光电元件,两者相距 1/4 莫尔条纹宽度。当光栅移动时,莫尔条纹通过两个光电元件的时间不同,因此,两个光电元件所获得的电信号虽然波形相同,但相位相差 90°。根据两个光电元件输出信号的超前和滞后可以确定标尺光栅移动方向。

增加线纹密度能提高光栅检测装置的精度,但制造较困难,成本高。在实际应用中,既要提高测量精度,同时又能达到自动辨向的目的,通常采用倍频或细分的方法提高光栅的分辨精度。如果在莫尔条纹的宽度内,放置 4 个光电元件,每隔 1/4 光栅栅距产生一个脉冲,一个脉冲代表移动了 1/4 栅距的位移,分辨精度可提高 4 倍,这就是四倍频方案。

5　光栅传感器的测量电路

在光栅测量系统中,为提高分辨率和测量精度,不可能仅靠增大栅线的密度来实现。工程上一般采用莫尔条纹的细分技术,细分技术有光学细分、机械细分和电子细分等方法。伺服系统中,应用最多的是电子细分方法。下面介绍一种常用的 4 倍光栅位移-数字变换电路。

数字变换电路的组成如图 3-39 所示。光栅移动时产生的莫尔条纹由光电元件接收,然后经过位移-数字变换电路形成正走、反走时的正、反向脉冲,由可逆计数器接收。图中由 4 块光电池发出的信号分别为 a、b、c、d,相位彼此相差 90°。a、c 信号相位差为 180°,送入差动放大器放大可得正弦信号,将信号幅度放大到足够大。同理 b、d 信号送入另一个差动放大器可得到余弦信号。正弦和余弦信号经整形变成方波 A 和 B,A 和 B 信号经反向得 C 和 D 信号。A、B、C、D 信号再经微分变成窄脉冲 A'、C'、B'、D',即在正走或反走时每个方波的上升沿产生窄脉冲,由与门电路把 0°、90°、180°、270° 等 4 个位置上产生的窄脉冲组合起来,根据不同的移动方向形成正向脉冲或反向脉冲,用可逆计数器进行计数,测量光栅的实际位移(图 3-39),在光栅位移-数字变换电路中,除上面介绍的四倍频回路以外,还有十倍频回路等。

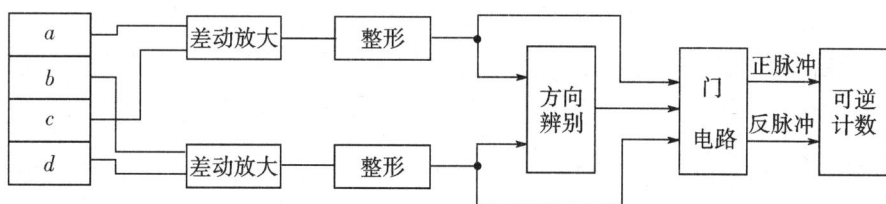

（a）原理框图

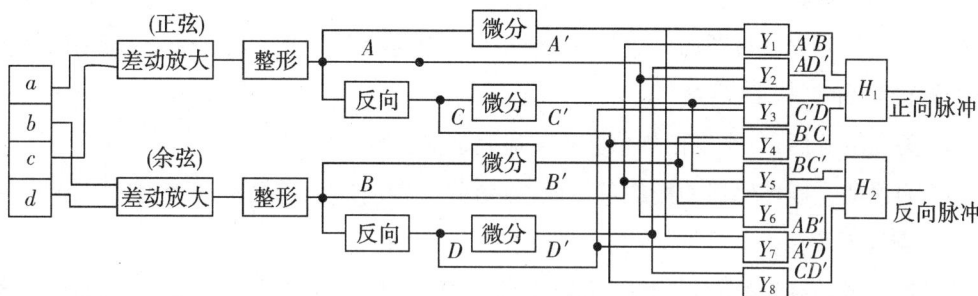

（b）

图 3-39　光栅信号四倍频电路

增量式光栅检测装置通常给出以下一些信号：A、A'（相当于图 3-40 中的 C 信号）、B、$\overline{B}$（相当于图 3-40 中的 D 信号）、Z、$\overline{Z}$ 等 6 个信号。其中，A 与 B 相差 90°，$\overline{A}$、$\overline{B}$ 分别为 A、B 反相 180°的信号。Z、$\overline{Z}$ 互为反相，是每转输出一个脉冲的零位参考信号，Z 有效电平为正，$\overline{Z}$ 有效电平为负。所有这些信号都是方波信号，利用这些信号组成了四倍频细分电路。若光栅栅距 0.01 mm，则工作台每移动 0.002 5 mm，就会输出一个脉冲，即分辨率为 0.002 5 mm。由此可见，光栅检测系统的分辨力不仅取决于光栅尺的栅距，还取决于鉴向倍频的倍数。除四倍频以外，还有十倍频、二十倍频等。

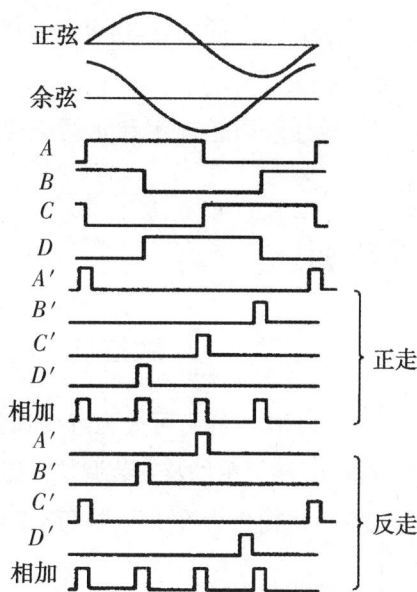

图 3-40　四倍频电路波形图

6　正确使用光栅位移传感器

由于光栅具有一系列的优点：测量精度高，采用不锈钢反射式，测量范围可达数十米，不需接长，抗干扰能力强，因此，在受到重视和推广。近年来我国设计制造了很多种光栅式测量长度和转角的计量仪器，并成功地将光栅作为数控机床的位置检测元件，用于精密机床和仪器的精密定位、长度检测、速度、加速度、振动和爬行的测量等。考虑到检测精度

对机床加工精度的影响,因此,必须正确使用光栅位移传感器,应注意以下几点:

(1)光栅传感器应尽量避免在有严重腐蚀的环境中工作,以免腐蚀光栅铬层和光栅尺表面,从而破坏光栅尺质量。

(2)尽可能外加保护罩,并及时清理溅落在尺上的切屑和油液,严格防止任何异物进入光栅传感器壳体内部。

(3)定期检查各安装连接螺钉是否松动。

(4)为延长防尘密封条的寿命,可在密封条上均匀涂上薄薄一层硅油,注意勿溅落到玻璃光栅刻画面上。

(5)关闭电源后,应将光栅传感器和数显表插头拔离插座。

(6)为保证光栅传感器使用的可靠性,可每隔一定时间用乙醇混合液(各含 50%)清洗擦拭光栅尺面和指示光栅面,保持玻璃光栅尺面清洁。

(7)光栅传感器严禁剧烈震动、摔打,以免破坏光栅尺,如光栅尺断裂,则光栅传感器失效。

(8)不要自行拆开光栅传感器,更不能任意改动主栅尺与副栅尺的相对间距,否则可能破坏光栅传感器的精度,还可能造成主栅尺与副栅尺的相对摩擦,损坏铬层和栅线,造成光栅尺报废。

(9)应注意防止油污和水污染光栅尺面,以免破坏光栅尺线条纹分布,造成测量误差。

◆拓 展 知 识

数控机床的位移检测(磁栅传感器)

磁栅按其结构特点可分为直线式和角位移式,分别用于长度和角度的检测。磁栅具有精度高、复制简单以及安装调整方便等优点,在油污、灰尘较多的环境使用时,具有较高的稳定性。磁栅作为检测元件可用于数控机床和其他测量机。

1　磁栅的组成

磁栅是一种利用电磁特性和录磁原理对位移进行检测的装置。它一般分为磁性标尺、拾磁磁头以及检测电路 3 部分(图 3-41)。在磁性标尺上,有用录磁磁头录制的具有一定波长的方波或正弦波信号。检测时,拾磁磁头读取磁性标尺上的方波或正弦波电磁信号,并将其转化为电信号,根据此电信号,实现对位移的检测。

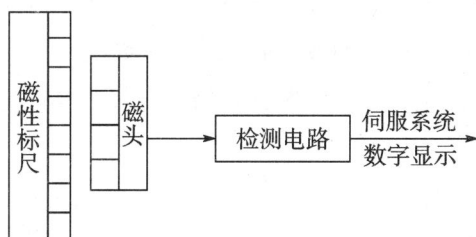

图 3-41 磁尺结构

1）磁性标尺和磁头

磁性标尺是在非导磁材料如铜、不锈钢、玻璃或其他合金材料的基体上，用涂敷、化学沉积或电镀等方法附一层 $10\sim20\ \mu m$ 厚的硬磁性材料（如 Ni-Co-P 或 Fe-Co 合金），并在其表面录制相等节距周期变化的磁信号。磁信号的节距一般为 0.05、0.1、0.2 和 1.0 mm 等。按照基体的形状，磁尺分为平面实体型磁尺、带状磁尺、线状磁尺和回转型磁尺，前三种用于测量直线位移，后一种用于测量角位移。

磁头是进行磁-电转换的器件，能将反映位置的磁信号检测出来，并转换成电信号输出给检测电路。根据数控机床的要求，为了在低速运动和静止时也能进行位置检测，磁尺上采用的磁头与普通录音机的磁头不同，普通录音机采用的是速度响应型磁头，而磁尺采用的是磁通响应型磁头。该种磁头的结构如图 3-42 所示。磁头有两组绕组，分别为绕在磁路截面尺寸较小的横臂上的励磁绕组和绕在磁路截面尺寸较大的竖杆上的拾磁绕组（输出绕组）。当对励磁绕组施加励磁电流 $i_a=i_0\sin\omega t$ 时，若 i_a 的瞬时值大于某一数值，

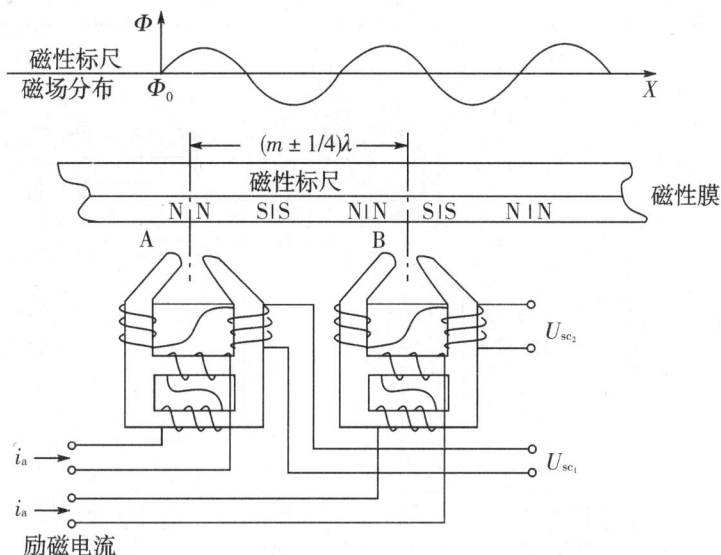

图 3-42 磁头的结构

横杆上的铁心材料饱和,这时磁阻很大,磁路被阻断,磁性标尺的磁通 Φ_0 不能通过磁头闭合,输出线圈不与 Φ_0 交链;如果 i_a 的瞬时值小于某一数值,i_a 所产生的磁通也随之降低,两横杆中的磁阻也降低到很小,磁通开路,Φ_0 与输出线圈交链。由此可见,励磁线圈的作用相当于磁开关。

2)检测电路

磁尺检测是模拟测量,必须和检测电路相配合才能实现检测。检测线路包括励磁电路、读取信号的滤波、放大、整形、倍频、细分、数字化和计数等线路。根据检测方法不同,检测电路分为鉴幅型和鉴相型 2 种。

(1)鉴幅型系统工作原理

如前所述,磁头有两组信号输出,将高频载波滤掉后则得到相位差为 π/2 的两组信号,即

$$U_{sc_1} = U_m \cos\left(\frac{2\pi x}{\lambda}\right) \tag{3-19}$$

$$U_{sc_2} = U_m \sin\left(\frac{2\pi x}{\lambda}\right) \tag{3-20}$$

检测电路方框图如图 3-43 所示。磁头 H_1、H_2 相对于磁尺每移动一个节距发出一个正(余)弦信号,经信号处理后可进行位置检测。这种方法的线路比较简单,但分辨率受到录磁节距的限制,若要提高分辨率就必须采用较复杂的倍频电路,所以不常采用此方法。

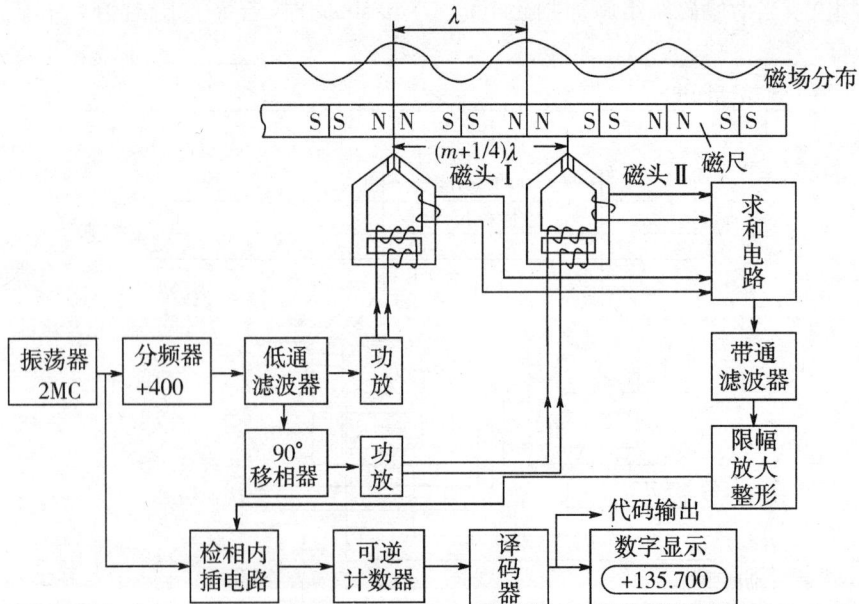

图 3-43　振幅式工作状态工作原理

（2）鉴相型系统工作原理

采用相位检测的精度大大高于录磁节距 λ，并通过提高内插补脉冲频率以提高系统的分辨率，其分辨率可达 1 μm。相位检测方框图如图 3-44 所示。可将图中一组磁头的励磁信号移项 90°，则得到输出电压为

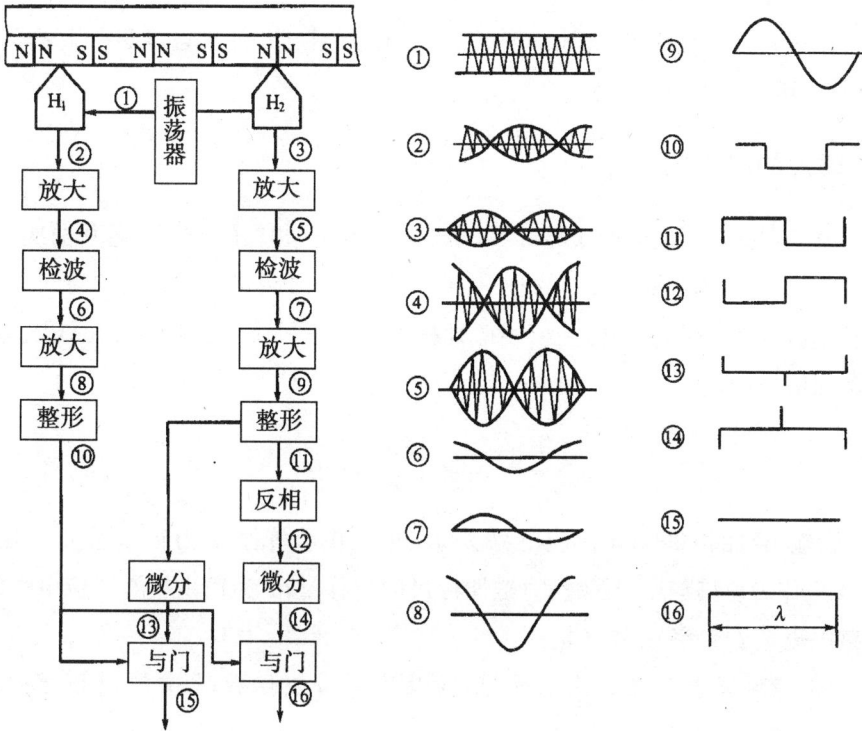

图 3-44　磁尺鉴幅型检测线路框图

$$U_{sc_1} = U_m \cos\left(\frac{2\pi x}{\lambda}\right) \sin\omega t \tag{3-21}$$

$$U_{sc_2} = U_m \sin\left(\frac{2\pi x}{\lambda}\right) \cos\omega t \tag{3-22}$$

在求和电路中相加，则得到磁头总输出电压为：

$$U_{sc_1} = U_m \sin\left(\frac{2\pi x}{\lambda} + \omega t\right) \tag{3-23}$$

由式（3-23）可知，合成输出电压 U 的幅值恒定，而相位随磁头和磁尺的相对位置 x 变化而变。其输出信号与旋转变压器、感应同步器的读取绕组中的信号相似，所以其检测电路也相同。从图 3-44 看出，振荡器送出的信号经分频器，低通滤波器得到波形较好的正弦波信号。一路经 90°移项后功率放大送到磁头Ⅱ的励磁绕组，另一路经功率放大送至

磁头 I 的励磁绕组。将两磁头的输出信号送入求和电路中相加,并经带通滤波器、限幅、放大整形得到与位置量有关的信号,送入检相内插电路中进行内插细分,得到分辨率为预先设定单位的计数信号。计数信号送入可逆计数器,即可进行数字控制和数字显示。

磁尺制造工艺比较简单,录磁、去磁较方便。可直接在机床上录制磁尺,无须安装、调整,避免了安装误差,从而可得到更高的精度。磁尺还可用于大型数控机床。目前数控机床的快速移动的速度已达到 24 m/min,而磁尺作为测量元件难以满足如此高的反应速度,因此其应用受到限制。

2 磁尺的工作原理

励磁电流在一个周期内两次经过零,出现两次峰值,相应的磁开关通断两次。磁路由通到断的时间内,输出线圈中交链磁通量由 Φ_0 变化到 0;磁路由断到通的时间内,输出线圈中交链磁通量由 0 变化到 Φ_0。Φ_0 由磁性标尺中磁信号决定,因此,输出线圈中输出的是一个调幅信号,即

$$U_{sc} = U_m \cos\left(\frac{2\pi x}{\lambda}\right) \sin\omega t \qquad (3-24)$$

式中,U_{sc} 为输出线圈中的输出感应电势;U_m 为输出电势峰值;λ 为磁性标尺节距;x 为选定某一 N 极作为位移零点,磁头相对磁性标尺的位移量;ω 为输出线圈感应电势的频率,它比励磁电流 i_a 的频率 ω_0 高 1 倍。

由式(3-24)可见,磁头输出信号的幅值是位移 x 的函数,只要测出 U_{sc} 经过零的次数,就可以知道 x 的大小。

使用单个磁头输出信号较小,而且对磁性标尺上磁化信号的节距和波形要求也较高。所以,实际上总是将几十个磁头以一定方式串联,构成多间隙磁头使用。

为了辨别磁头的移动方向,通常采用间距为 $(m+1/4)\lambda$ 的两组磁头 $(m=1,2,3,\cdots)$,并使两组磁头的励磁电流相位相差 45°,这样两组磁头输出电势信号的相位相差 90°。如果第一组磁头的输出信号为

$$U_{sc_1} = U_m \cos\left(\frac{2\pi x}{\lambda}\right) \sin\omega t \qquad (3-25)$$

则第二组磁头的输出信号必然为

$$U_{sc_2} = U_m \sin\left(\frac{2\pi x}{\lambda}\right) \cos\omega t \qquad (3-26)$$

U_{sc_1} 和 U_{sc_2} 是相位相差 90° 的两列脉冲。至于哪个导前,则取决于磁尺的移动方向。根据两个磁头输出信号的超前和滞后,可确定其移动方向。

使用单个磁头的输出信号很小,为了提高输出信号的幅值,同时降低对录制的磁化信号正弦波形和节距误差的要求,在实际使用时,常将几个到几十个磁头以一定的方式联系起来,组成多间隙磁头,如图 3 - 45 所示。多间隙磁头中的每一个磁头都以相同的间距 $\lambda_m/2$ 配置,相邻两磁头的输出绕组反向串联。因此,输出信号为各磁头输出信号的叠加。多间隙磁头具有高精度、高分辨率、输出电压大等优点。输出电压与磁头数 n 成正比,例如,当 $n=30$,$\omega/2=5$ kHz 时,输出的电压峰值达到数百毫伏,而 $\omega/2=25$ kHz 时,电压峰值高达 1 V。

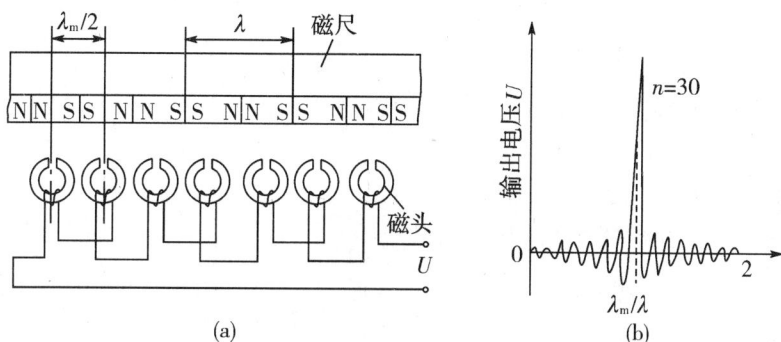

图 3 - 45　多间隙磁头

◆思考与练习

1. 分析比较变磁阻式自感传感器、差动变压器式互感传感器和涡流传感器的工作原理。

2. 影响差动变压器输出线性度和灵敏度的主要因素是什么?

3. 为什么电感式传感器一般都采用差动形式?

4. 某线性差动变压器式传感器激励电源工作频率为 200 Hz,峰-峰值为 6 V,若衔铁运动频率为 20 Hz 的正弦波,它的位移幅值为 ±2 mm,已知传感器的灵敏度为 2 V/mm,试画出激励电压、输入位移和输出电压波形,并给出适当的测量电路。

5. 什么是涡流? 电涡流传感器为什么属于电感传感器?

项目四　速度检测

◆**学习目标**

1. 了解霍尔传感器的分类;
2. 了解霍尔传感器的工作原理;
3. 了解集成霍尔传感器的特点;
4. 了解光电传感器测速度的基本知识。

◆**项目描述**

在工农业生产和工程实践中,经常会遇到各种需要测量转速的场合,例如在发动机、电动机、卷扬机、机床主轴等旋转设备的试验、运转和控制中,常需要测量其转速。多数情况下可以通过电磁或光电等方法,将转速测量转变为频率测量。测量频率的方法有很多,不同的方法各有不同的适用范围。近年来随着电子技术的迅速发展,工业测控设备不断更新,频率测量的方法和设备也有新的进展。在实际应用中,选择不同的技术设计方案,其结果可能相差甚远。

要测量转速,首先要解决的是采样问题。测量转速的方法分为模拟式和数字式 2 种。模拟式方法是采用测速发电机为检测元件,得到的信号是模拟量。早期直流电动机的控制均以模拟电路为基础,由运算放大器、非线性集成电路以及少量的数字电路组成,而控制系统的硬件部分则非常复杂,功能单一,而且系统非常不灵活、调试困难。数字式通常采用光电编码器、圆光栅、霍尔元件等为检测元件,得到的信号是脉冲信号。以机床转轴的转速测量为例,利用霍尔传感器作为转速检测元件,并利用设计的调试电路对霍尔转速传感器输出的信号进行滤波和整形,再经过频率测试仪分析得到机床转轴的转速。实际测试表明,该霍尔传感器测试系统能满足普通的机床转轴转速测试要求。这里将主要介绍霍尔传感器转速测试系统。

霍尔传感器是一种利用半导体材料的霍尔效应进行测量的传感器,它可以直接测量磁场和微位移量,也可以间接测量液位、压力、转速等工业生产过程参数。目前霍尔传感器已从分立元件发展到了集成电路,正越来越受到人们的重视,应用日益广泛。

霍尔转速传感器的应用优势主要有:① 霍尔转速传感器的输出信号不受转速值的影响;② 霍尔转速传感器的频率相应高;③ 霍尔转速传感器对电磁波的抗干扰能力强,因此霍尔转速传感器多应用于控制系统的转速检测中。同时,霍尔转速传感器的稳定性好,抗外界干扰能力强,如抗错误的干扰信号等。因此,霍尔转速传感器不易因环境的因素而产生误差。霍尔转速传感器的测量频率范围宽,远远高于电磁感应式无源传感器。另外,在防护措施有效的情况下,霍尔转速传感器不会受电子、电气环境的影响。

霍尔转速传感器的测量结果精确稳定,输出信号可靠,可以防油、防潮,并且能在温度较高的环境中工作。普通的霍尔转速传感器的工作温度可以达到 100 ℃。霍尔转速传感器的安装简单,使用方便,能实现远距离传输。

霍尔转速传感器目前在工业生产中的应用广泛,例如电力、汽车、航空、纺织和石化等领域都采用霍尔转速传感器来测量和监控机械设备的转速状态,以此实现自动化管理和控制。

任务 1　机床转轴的转速检测

扫一扫观看霍尔
传感器演示图片

◆**任务背景**

图 4 - 1 给出了几种不同结构的霍尔式转速传感器,其输入轴与被测转轴相连,当被测转轴转动时,转盘随之转动,固定在转盘附近的霍尔传感器便可在每一个小磁铁通过时产生一个相应的脉冲,检测出单位时间的脉冲数,便可知被测转速。根据磁性转盘上小磁铁数目多少就可确定传感器测量转速的分辨率。

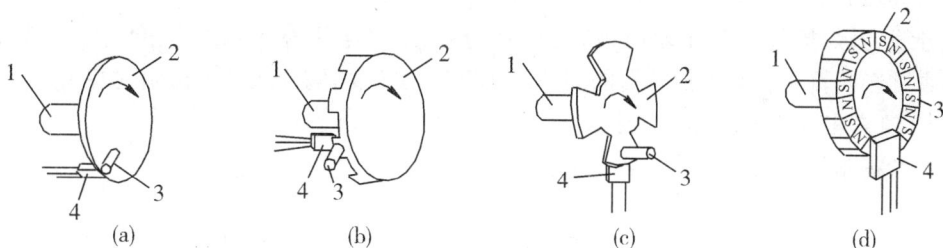

1—输入轴;2—转盘;3—小磁铁;4—霍尔传感器

图 4 - 1　几种霍尔式转速传感器的结构

◆**相关知识**

机床转轴一般由电动机带动工作,在直流电动机的多年实际运行的过程中,机械测速电动机不足日益明显,其主要表现为直流测速电动机 DG 中的炭刷磨损和交流测速发电机 TG 中的轴承磨损,增加了设备的维护工作量,也随之增加了发生故障的可能性,同时机械测速电动机在更换炭刷及轴承的检修作业过程中,需要停运直流电动机,安装过程中需要调整机械测速电机轴与主电机轴的同轴度,延长了检修时间,影响了设备的长期平稳运行。

随着电力电子技术的不断发展,一些新兴器件的不断涌现,原有器件的性能也随之完善改进,由电力电子器件构成的各种电力电子电路的应用范围与日俱增,因此,采用电子脉冲测速取代原直流电动机械测速电动机已具备理论基础,如可采用磁阻式、霍尔效应式、光电式等方式检测电动机转速。

经过比较分析后,决定采用测速齿轮和霍尔元件代替原来的机械测速电动机。霍尔传感器作为测速器件得到广泛应用。霍尔传感器是一种利用霍尔效应实现磁电转换的传感器。虽然发现霍尔效应已有一百多年的历史,但是直到 20 世纪 40 年代后期,由于半导体工艺的不断改进,才被人们所重视和应用。我国从 70 年代开始研究霍尔器件,经过 20 余年的研究和开发,目前已经能生产各种性能的霍尔元件。

1 霍尔传感器的外形结构

1) 常用霍尔传感器的外形

霍尔传感器是一种四端元件,典型外形如图 4 - 2 所示。霍尔传感器是由霍尔片、4 根引线和壳体组成。而霍尔片是一块矩形半导体单晶薄片(一般为 4 mm×2 mm×0.1 mm),在其长度方向两端面上焊有 2 根引线,称为控制电流端引线,通常采用红色导线。其焊接处称为控制电流极(或称激励电极),要求焊接处接触电阻很小,并呈纯电阻,即欧姆接触(无 PN 结特性)。在薄片的另外两侧端面的中间以点的形式对称地焊有 2 根霍尔输出引线,通常采用

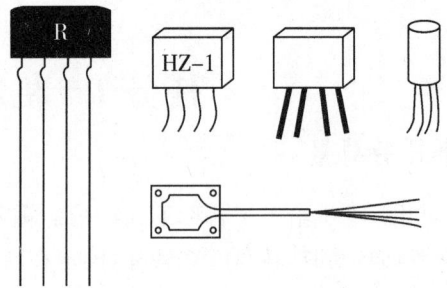

图 4 - 2 常见霍尔传感器的外形

绿色导线,其焊接处称为霍尔电极,要求欧姆接触,且电极宽度与基片长度之比要小于 0.1,否则影响输出。霍尔传感器的壳体是用非导磁金属,陶瓷或环氧树脂封装。

2) 国产霍尔传感器的命名方法

国产霍尔传感器型号的命名方法如下:

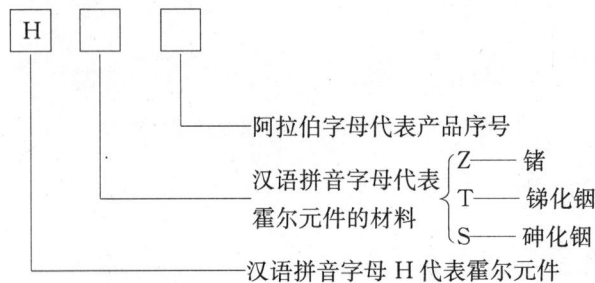

常见的国产霍尔元件型号有 HZ—1,HZ—2,HZ—3,HZ—4,HT—1,HT—2,HS—1等。

2 霍尔传感器的工作原理

霍尔传感器是一种基于霍尔效应的传感器,具有体积小、外围电路简单、频带宽、动态特性好、寿命长、可实现非接触测量等特点。霍尔传感器广泛用于转速、压力、加速度、振动等方面的测量。

1) 霍尔效应及霍尔元件

（1）霍尔效应

置于磁场中的静止载流导体，当其电流方向与磁场方向垂直时，载流导体上同时垂直于电流和磁场方向上有电动势产生，这种现象称为霍尔效应，该电势称霍尔电势。

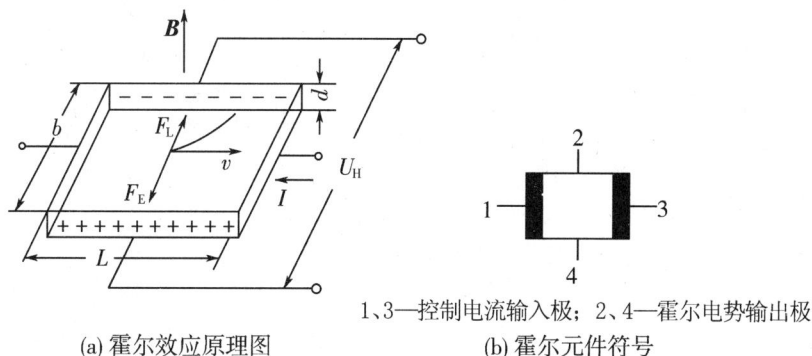

1、3—控制电流输入极；2、4—霍尔电势输出极

(a) 霍尔效应原理图　　　　　(b) 霍尔元件符号

图 4-3　霍尔效应

如图 4-3(a)所示，在垂直于外磁场 **B** 的方向上放置一 N 型半导体薄片，通以电流 I，方向如图所示。半导体薄片中的电流使自由电子在电场作用下做定向运动。此时，每个电子受洛伦兹力 F_L 的作用，F_L 的大小为：

$$F_L = -evB \tag{4-1}$$

式中，e 为电子电荷量，$e = -1.6 \times 10^{-19}$ C；v 为电子运动平均速度；B 为磁场的磁感应强度值。

F_L 的方向在图 4-3(a)中是向内的，此时电子除了沿电流反方向作定向运动外，还在 F_L 的作用下漂移，结果使半导体薄片内侧面积累电子，而外侧面积累正电荷，从而形成了附加内电场 E_H，称霍尔电场，该电场强度为

$$E_H = \frac{U_H}{b} \tag{4-2}$$

式中，U_H 为霍尔电势。

同时，每个电子所受电场力为

$$F_E = -eE_H \tag{4-3}$$

当电子所受洛伦兹力与霍尔电场作用力大小相等方向相反时，电荷不再向两侧面积累，达到平衡状态，有

$$F_L = F_E \tag{4-4}$$

即

$$-evB = -eE_H \tag{4-5}$$

此时霍尔电场的强度 E_H 为

$$E_H = vB = \frac{U_H}{b} \tag{4-6}$$

霍尔电势 U_H 为

$$U_H = bvB \tag{4-7}$$

若金属导电板单位体积内电子数为 n，电子定向运动平均速度为 v，则激励电流

$$I = -nevbd \tag{4-8}$$

即

$$v = -\frac{1}{nebd} \tag{4-9}$$

式中，bd 为与电流方向垂直的截面积；n 为单位体积内地自由电子数。

将式(4-9)代入式(4-7)，可得霍尔电势为

$$U_H = -\frac{BI}{ned} \tag{4-10}$$

若取

$$R_H = -\frac{1}{ne} \tag{4-11}$$

$$K_H = -\frac{1}{ned} = \frac{R_H}{d} \tag{4-12}$$

式中，R_H 为霍尔系数；K_H 为霍尔元件的灵敏度系数。

霍尔电势可简化为

$$U_H = \frac{R_H BI}{d} \tag{4-13}$$

$$U_H = K_H BI \tag{4-14}$$

由式(4-14)可见，霍尔电势正比于激励电流和磁感应强度。当 I 和 B 大小一定时，R_H 越大，则霍尔元件的输出电势就越大。显然，一般是希望 K_H 越大越好。而 K_H 与霍尔系数 R_H 成正比，与霍尔片厚度 d 成反比。为了提高灵敏度，霍尔元件常采用霍尔系数 R_H 较大的材料制成薄片形状。由式(4-11)知 R_H 与 n 成反比，而霍尔系数 R_H 等于霍尔片材料的电阻率 ρ 与载流子迁移率 μ 的乘积。即

$$R_H = \rho\mu \tag{4-15}$$

若要有较大的霍尔系数 R_H，因此要求霍尔片材料有较大的电阻率和载流子迁移率。由以上综合分析可以看出：

① 霍尔电势 U_H 与材料的性质有关。材料的 ρ 和 μ 越大，R_H 就越大。金属 μ 和 n 虽然很大，但 R_H 却很小，故不宜做成元件。在半导体材料中，由于电子的迁移率比空穴的大，所以霍尔元件一般采用自由电子为多数载流子的 N 型半导体材料。

② 霍尔电势 U_H 与元件的尺寸有关。d 愈小，K_H 愈大，霍尔元件灵敏度越高，所以霍尔元件的厚度都比较薄，但 d 太小，会使元件的输入、输出电阻增加。

③ 霍尔电势 U_H 与控制电流 I 和磁感应强度 B 有关，正比于 I 及 B。当控制电流恒定时，B 愈大，U_H 愈大。当磁场改变方向时，U_H 也改变方向。同样，当霍尔灵敏度系数

K_H 和磁感应强度 B 恒定时,增加控制电流 I,也可以提高霍尔电压的输出。

霍尔传感器转换效率较低,受温度影响大,但其结构简单,体积小,坚固,频响宽,动态范围大,无触点,使用寿命长,可靠性高,易微型化和集成化,因此在测量技术、自动控制、电磁测量、计算装置以及现代军事技术领域中得到广泛应用。

(2) 霍尔元件常用材料及特性

目前最常用的霍尔元件材料是 N 型锗(Ge)、硅(Si)、锑化铟(InSb)、砷化铟(InAs)和不同比例的亚砷酸铟和磷酸铟组成的 $In(As_yP_{1-y})$ 型固熔体(其中 y 表示百分比)等半导体材料。N 型锗容易加工制造,其霍尔系数、温度性能和线性度都较好。而 N 型硅的线性度最好,其霍尔系数、温度性能同 N 型锗,但其电子迁移率比较低,带负载能力较差,通常不用作单个霍尔元件。锑化铟对温度最敏感,尤其在低温范围内温度系数大,但在室温时其霍尔系数较大。砷化铟的霍尔系数较小,温度系数也较小,输出特性线性度好。$In(As_yP_{1-y})$ 型固熔体的热稳定性最好。

2) 霍尔元件测量电路

(1) 基本电路

如图 4-4 所示,控制电流由电源 E 供给,R 为调节电阻,霍尔输出端接负载 R_L,也可以是放大器的输入电阻或表头电阻。

霍尔元件必须在磁场和控制电流的作用下才会输出霍尔电势。实际使用时,可把 I 或 B 作为输入信号,或两者同时作为输入信号,而输出信号 U_H 正比于 I 和 B。

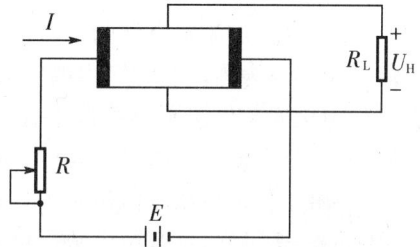

图 4-4　霍尔元件基本测量电路

由于建立霍尔效应的时间很短($10^{-14} \sim 10^9$) s,因此,控制电流用交流时,频率可达 10^9 Hz 以上。

(2) 霍尔元件连接

为得到较大的霍尔输出,当霍尔元件的工作电流为直流时,可把几个霍尔元件输出串联起来,但控制电流极应并联,如图 4-5 所示。

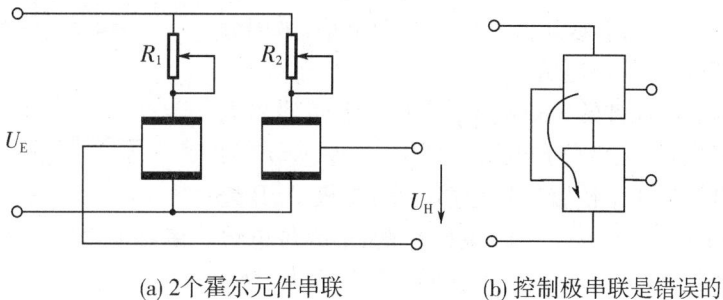

(a) 2个霍尔元件串联　　　　(b) 控制极串联是错误的

图 4-5　霍尔元件连接图

当霍尔元件的输出信号不够大时,也可采用运算放大器加以放大,霍尔元件与放大器集成在同一芯片内,如图 4-6 所示。

（3）霍尔元件基本特性及误差补偿

① 额定激励电流和最大允许激励电流

当霍尔元件自身温升 10 ℃时所流过的激励电流称为额定激励电流。以元件允许最大温升为限制所对应的激励电流称为最大允许激励电流。因霍尔电势随激励电流增加而线性增加，所以使用中希望选用尽可能大的

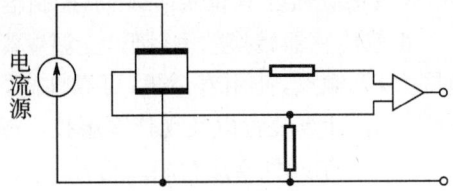

图 4-6　采用运算放大器的霍尔元件连接图

激励电流，因而需要知道元件的最大允许激励电流。改善霍尔元件的散热条件，可以使激励电流增加。

② 输入电阻和输出电阻

激励电极间的电阻值称为输入电阻，而霍尔电极输出电势对电路外部来说相当于一个电压源，其电源内阻即为输出电阻。以上电阻值是在磁感应强度为零，且环境温度在 20 ℃±6 ℃时所确定的。

③ 不等位电势和不等位电阻

当霍尔元件的激励电流为 I 时，若元件所处位置磁感应强度为零，则其霍尔电势应该为零，但实际不为零。这时测得的空载霍尔电势称为不等位电势。产生这一现象的原因有：霍尔电极安装位置不对称或不在同一等电位面上；半导体材料不均匀造成了电阻率不均匀或是几何尺寸不均匀；激励电极接触不良造成激励电流不均匀分布等。

由图 4-7 可知，不等位电势也可用不等位电阻表示，即

$$R_0 = \frac{U_0}{I} \qquad (4-16)$$

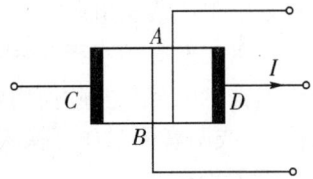

图 4-7　等位电势图

式中，U_0 为不等位电势；R_0 为不等位电阻；I 为激励电流。

由式（4-16）可以看出，不等位电势就是激励电流流经不等位电阻 R_0 所产生的电压。

不等位电势与霍尔电势具有相同的数量级，有时甚至超过霍尔电势，而实用中要消除不等位电势是极其困难的，因此必须采用补偿方法。分析不等位电势时，可以把霍尔元件等效为一个电桥，采用分析电桥平衡来补偿不等位电势。

图 4-8 为霍尔元件的等效电路，其中 A、B 为霍尔电极，C、D 为激励电极，电极分布电阻分别用 r_1、r_2、r_3、r_4 表示，将其看成电桥的 4 个桥臂。理想情况下，电极 A、B 处于同一等位面上，$r_1 = r_2 = r_3 = r_4$，电桥平衡，不等位电势

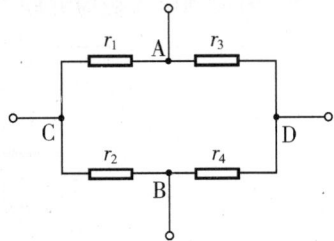

图 4-8　霍尔元件的等效电路

U_0 为零。实际上，由于 A、B 电极不在同一等位面上，这 4 个电阻阻值不相等，电桥不平衡，不等位电势不等于零。此时可根据 A、B 两点电位的高低判断，应在某一桥臂上并联一定的电阻，使电桥达到平衡，从而使不等位电势为零。

几种补偿线路如图 4-9 所示，图 4-9(a)和(b)为常见的补偿电路，图 4-9(b)和(c)相当于在等效电桥的 2 个桥臂上同时并联电阻，图 4-9(d)用于交流供电的情况。

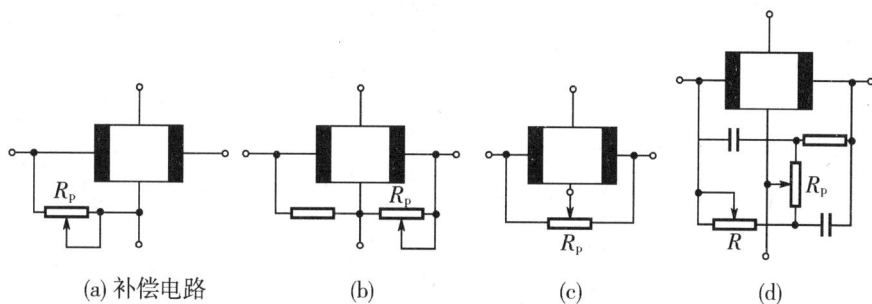

(a) 补偿电路　　　　(b)　　　　　　(c)　　　　　　(d)

图 4-9　不等位电势补偿电路

④ 寄生直流电势

在外加磁场为零,霍尔元件用交流激励时,霍尔电极输出除交流不等位电势外,还有一直流电势,称为寄生直流电势。其产生的原因有:激励电极与霍尔电极接触不良,形成非欧姆接触,造成整流效果;两个霍尔电极大小不对称,则两个电极点的热容不同,散热状态不同而形成极间温差电势。寄生直流电势一般在 1 mV 以下,是影响霍尔片温漂的原因之一。

⑤ 霍尔电势温度系数

在一定磁感应强度和激励电流下,温度每变化 1 ℃时,霍尔电势变化的百分率称为霍尔电势温度系数,它同时也是霍尔系数的温度系数。

霍尔元件是采用半导体材料制成的,因此它们的许多参数都具有较大的温度系数。当温度变化时,霍尔元件的载流子浓度、迁移率、电阻率及霍尔系数都将发生变化,从而使霍尔元件产生温度误差。

为了减小霍尔元件的温度误差,除选用温度系数小的元件或采用恒温措施外,由霍尔电势 $U_H = K_H BI$ 可看出:采用恒流源供电是个有效措施,可以使霍尔电势稳定,但也只能是减小因输入电阻随温度变化所引起的激励电流 I 的变化的影响。

霍尔元件的灵敏系数 K_H 也是温度的函数,它是随温度变化而引起霍尔电势的变化。霍尔元件的灵敏度系数与温度的关系可写成

$$K_H = K_{H0}(1 + \alpha \Delta T) \tag{4-17}$$

式中,K_{H0} 为温度 T_0 时的 K_H 值;ΔT 为温度变化量,$\Delta T = T - T_0$;α 为霍尔电势温度系数。

大多数霍尔元件的温度系数 α 是正值,它们的霍尔电势随温度升高而增加 $\alpha \Delta T$ 倍。但如果同时让激励电流 I_s 相应减小,并能保持 $K_H I_s$ 乘积不变,也就抵消了灵敏系数 K_H 增加的影响。图 4-10 就是按此思路设计的一个既简单,补偿效果又较好的补偿电路。电路中 I_s 为恒流源,分流电阻 R_p 与霍尔元件的激励电极并联。当霍尔元件的输入电阻随温度升高而增加时,旁路分流电阻 R_p 自动地增大分流,减小了霍尔元件的激励电流 I_H,从而达到补偿的目的。

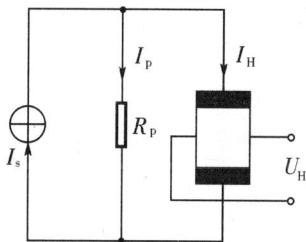

图 4-10　恒流温度补偿电路

　　图 4-10 所示的温度补偿电路中,设初始温度为 T_0,霍尔元件输入电阻为 R_{i0},灵敏系数为 K_{H0},分流电阻为 R_{p0},根据分流概念可得

$$I_{H0} = \frac{R_{p0} I_s}{R_{p0} + R_{i0}} \tag{4-18}$$

当温度升至 T 时,电路中各参数变为

$$R_i = R_{i0}(1 + \delta \Delta T) \tag{4-19}$$

$$R_p = R_{p0}(1 + \beta \Delta T) \tag{4-20}$$

式中,δ 为霍尔元件输入电阻温度系数;β 为分流电阻温度系数。

$$I_H = \frac{R_p I_s}{R_p + R_i} = \frac{R_{p0}(1 + \beta \Delta T) I_s}{R_{p0}(1 + \beta \Delta T) + R_{i0}(1 + \delta \Delta T)} \tag{4-21}$$

虽然温度升高了 ΔT,为了使霍尔电势不变,补偿电路必须满足温升前、后的霍尔电势不变,即 $U_{H0} = U_H$,则

$$K_{H0} I_{H0} \boldsymbol{B} = K_H I_H \boldsymbol{B} \tag{4-22}$$

有

$$K_{H0} I_{H0} = K_H I_H \tag{4-23}$$

经整理并略去 $\alpha\beta(\Delta T)^2$ 高次项后可得:

$$R_{p0} = \frac{(\delta - \beta - \alpha) R_{i0}}{\alpha} \tag{4-24}$$

　　当霍尔元件选定后,其输入电阻 R_{i0}、温度系数 δ 以及霍尔电势温度系数 α 是确定值。由式(4-24)即可计算出分流电阻 R_{p0} 及所需的温度系数 β 值。为了满足 R_{p0} 和 β 两个条件,分流电阻可取温度系数不同的两种电阻的串、并联组合,这样虽然麻烦但效果好。

　　常用国产霍尔元件的技术参数见表 4-1 所示。

表 4-1　常用国产霍尔元件的技术参数

参数名称	符号	单位	HZ—1 型	HZ—2 型	HZ—3 型	HZ—4 型	HT—1 型	HT—2 型	HS—1 型
			材料(N 型)						
			Ge111	Ge111	Ge111	Ge100	InSb	InSb	InAs
电阻率	ρ	Ω·cm	0.8~1.2	0.8~1.2	0.8~1.2	0.4~0.5	0.003~0.01	0.003~0.05	0.01
几何尺寸	$l \times b \times d$	mm	8×4×0.2	4×2×0.2	8×4×0.2	8×4×0.2	6×3×0.2	8×4×0.2	8×4×0.2
输入电阻	R_{i0}	Ω	110±20%	110±20%	110±20%	45±20%	0.8±20%	0.8±20%	1.2±20%
输出电阻	R_{U0}	Ω	100±20%	100±20%	100±20%	40±20%	0.5±20%	0.5±20%	1±20%
灵敏度	K_H	mV/mA·T	>12	>12	>12	>4	1.8±20%	1.8±20%	1±20%
不等位电阻	R_0	Ω	<0.07	<0.05	<0.07	<0.02	<0.005	<0.005	<0.003

（续表）

参数名称	符号	单位	HZ—1型	HZ—2型	HZ—3型	HZ—4型	HT—1型	HT—2型	HS—1型
			材料（N型）						
			Ge111	Ge111	Ge111	Ge100	InSb	InSb	InAs
寄生直流电压	U_0	μV	<150	<200	<150	<100			
额定控制电流	I_c	mA	20	15	25	50	250	300	200
霍尔电压温度系数	α	1/℃	0.04%	0.04%	0.04%	0.03%	−1.5%	−1.5%	
内阻温度系数	β	1/℃	0.5%	0.5%	0.5%	0.3%	−0.5%	−0.5%	
热阻	R_Q	℃/mV	0.4	0.25	0.2	0.1			
工作温度	T	℃	−40～45	−40～45	−40～45	−40～75	0～40	0～40	−40～60

3　霍尔集成传感器

随着微电子技术的发展，目前霍尔器件大多已集成化。霍尔集成电路有许多优点，例如体积小、灵敏度高、输出幅度大、温漂小、对电源稳定性要求低等。

霍尔集成元件是霍尔元件与集成运放一体化的结构，是一种传感器模块。霍尔集成元件可分为线性输出型和开关输出型两大类。线性输出型是将霍尔元件和恒流源、线性放大器等集成在一个芯片上，输出电压较高，使用非常方便，已得到广泛应用，较典型的线性霍尔器件如 UGN3501 等。而开关输出型是将霍尔元件、稳压电路、放大器、施密特触发器、OC门等电路集成在同一个芯片上，当外加磁场强度超过规定的工作点时，OC门由高电阻状态变为导通状态，输出低电平，当外加磁场强度低于释放点时，OC门重新变为高电阻状态，输出高电平，较典型的开关型霍尔器件如 UGN3020 等。开关输出型霍尔集成元件与微型计算机等数字电路相兼容，因此应用广泛。

霍尔集成传感器是将霍尔元件、放大器、施密特触发器以及输出电路等集成在同一个芯片上，为用户提供了一种简化的和较完善的磁敏传感器。霍尔集成传感器分为线性型和开关型两类。

（1）线性集成传感器

线性集成传感器的内部框图和输出特性如图 4-11 所示，由霍尔元件 HG、放大器 A、差分输出电路 D 和稳压电源 R 等组成。图 4-11(b) 为其输出特性，在一定范围内其输出特性为线性，线性中的平衡点相当于 N 和 S 磁极的平衡点。

(a) 内部框图　　　　　　　　　　(b) 输出特性曲线图

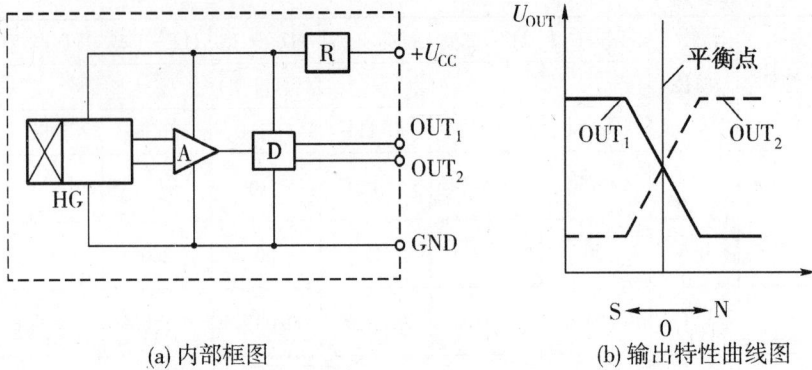

图 4‑11　线性集成传感器的内部框图及输出特性

图 4‑12 和图 4‑13 所示分别为具有双端差动输出特性的线性霍尔器件 UGN3501M 的内部电路图和输出特性曲线图。当线性霍尔器件 UGN3501M 感受的磁场为零时，引脚 1 相对于引脚 8 的输出电压等于零；当线性霍尔器件 UGN3501M 感受的磁场为正向（磁钢的 S 极对准 3501M 的正面）时，输出为正；磁场为反方向时，输出为负，因此，使用更方便。线性霍尔器件 UGN3501M 的引脚 5～引脚 7 外接一只微调电位器后，就可以微调并消除因不等位电势所引起的差动输出零点漂移。

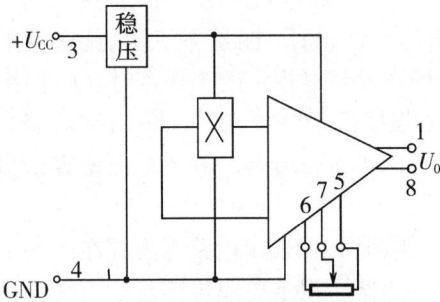

图 4‑12　差动输出线性霍尔集成电路 UGN3501M 内部电路图

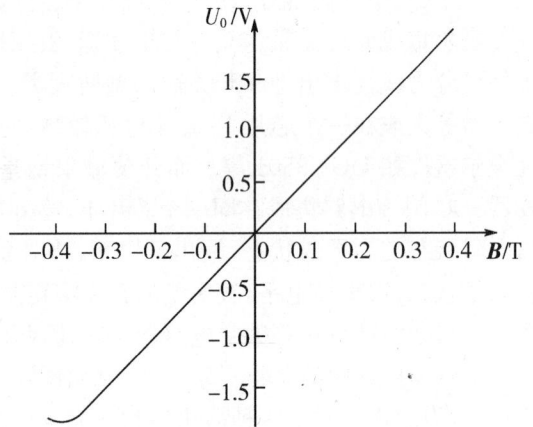

图 4‑13　差动输出线性霍尔集成电路输出线性

（2）开关集成传感器

图 4‑14(a)是开关集成传感器的内部框图。开关集成传感器与线性集成传感器不同之处是增设了施密特电路 C，并通过晶体管 T 的集电极输出。图 4‑14(b)为输出特性，它是一种开关特性。

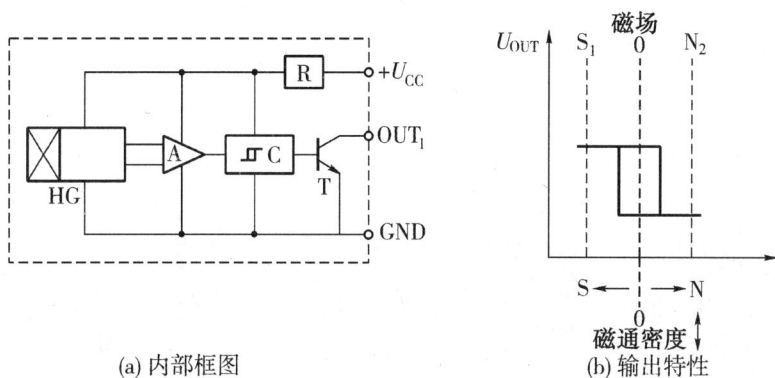

(a) 内部框图　　　　　　　　(b) 输出特性

图 4‐14　开关集成传感器的内部框图及输出特性

图 4‐15 所示为开关输出型霍尔集成元件 UGN3020 的电路外形及外形尺寸。其中,引脚 1 为接地端,引脚 2 为电源端,引脚 3 为输出端。图 4‐16 所示为 UGN3020 的内部电路图,其中,H 为霍尔元件,A 为放大器,S 为施密特电路,T 为输出晶体管,E 为稳定电源。图 4‐17 所示为 UGN3020 的输出特性图,其中,由于增设了施密特电路,使其具有时滞特性,从而提高了抗噪声的性能。该电路主要用于接近

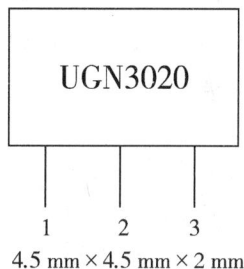

$4.5\ mm \times 4.5\ mm \times 2\ mm$

图 4‐15　开关型霍尔集成电路 UGN3020 的外形尺寸

开关,但以 0 磁场为中心的霍尔集成元件也用于无刷电动机中。

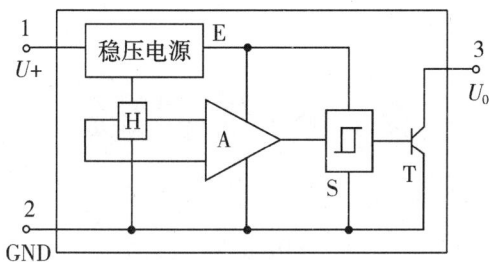

图 4‐16　UGN3020 的内部电路图

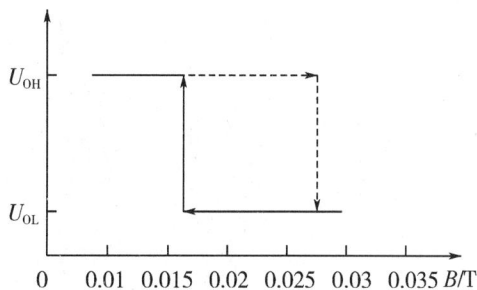

图 4‐17　UGN3020 的输出特性

4　霍尔转速表

图 4‐18 是霍尔转速表的示意图。在被测转速的转轴上安装一个齿盘,也可选取机械系统中的一个齿轮,将线性形霍尔元件和磁路系统靠近齿盘,随着齿盘的转动,磁路的磁阻也周期性地变化,测量霍尔元件输出的脉冲频率经隔直、放大、整形后就可以确定被

测物的转速(n)。

$$n = 60\frac{f}{22} \tag{4-25}$$

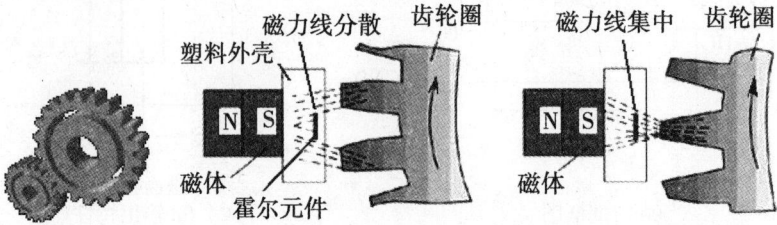

图 4-18 霍尔转速表的示意图

齿对准霍尔元件时,磁力线集中穿过霍尔元件,可产生较大的霍尔电动势,放大、整形后输出高电平,反之,当齿轮的空当对准霍尔元件时,则输出为低电平,如图 4-19 所示的波形。图 4-20 为霍尔转速表的其他安装方法。

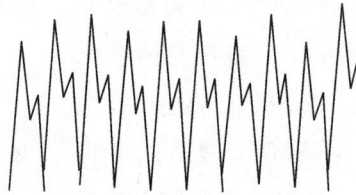

图 4-19 霍尔电势波形变换图

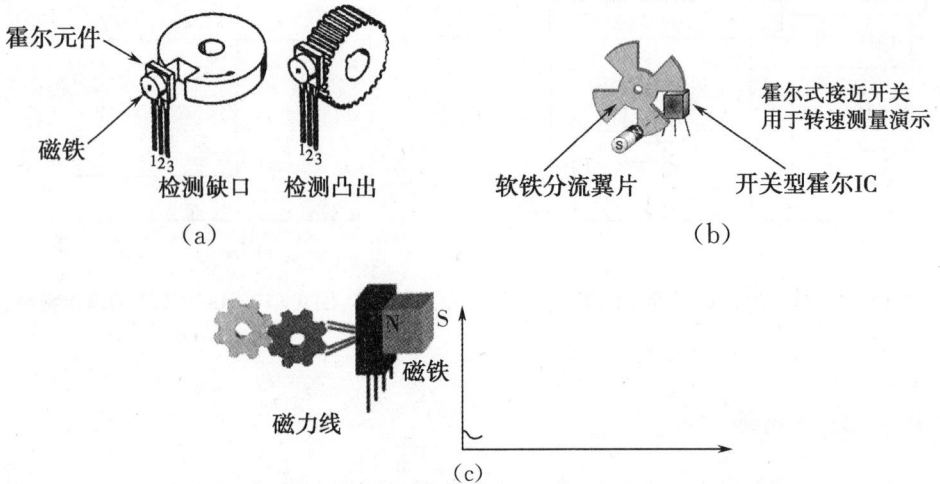

（a）

（b）

（c）

图 4-20 霍尔转速表的几种安装方法

◆拓展知识

光电传感器测速度

图 4‐21 所示为遮断式光电测量方案。在遮光盘的同心圆上均匀分布若干个通光的孔或槽,槽形光电传感器固定在遮光盘工作的位置上,遮光盘转动一周,光敏元件感光次数与盘的开孔数目相等,因此产生相同数目的脉冲信号。这些脉冲信号通过单片机定时/计数器计数,定时器 T_0 定时,定时器 T_0 完成 100 次溢出中断的时间 t 除以测得的脉冲数 m,经过单位换算,就可以算出直流电机旋转的速度。

直流电机转速计算公式:

$$n=60m/(N_1tN)\ \text{r/min} \tag{4‐26}$$

式中,n 为直流电机转速;N 为遮光盘上的通光孔或槽的个数;N_1 为定时器 T_0 中断次数;m 为定时器 T_0 在规定时间内测得的脉冲数;t 为定时器 T_0 定时溢出的时间。

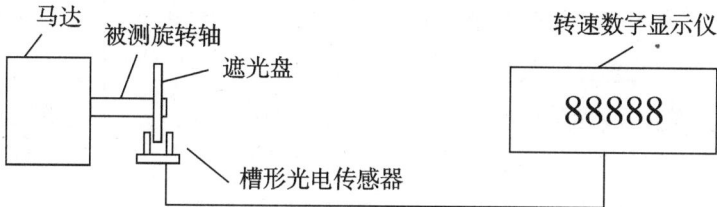

图 4‐21　遮断式光电测量方案

图 4‐22 为光电传感器测量电路框图,采用光电传感器得到的电脉冲信号,经过放大、整形后,获得相同频率的方波信号,通过测量方波的频率或周期就可测得转速的大小。

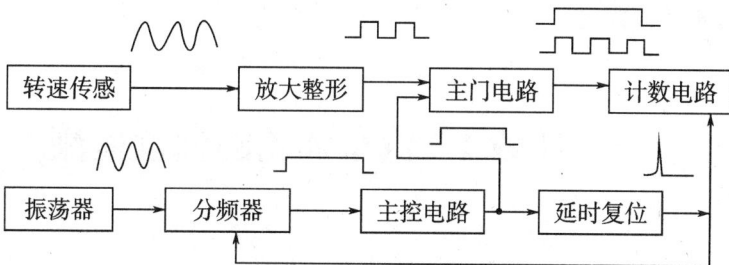

图 4‐22　测量电路的框图

◆思考与练习

1. 测量速度的方法有哪些?
2. 测量速度的传感器有哪些? 各有什么特点? 分别用于什么场合?
3. 什么是霍尔效应? 霍尔传感器的输出霍尔电压与哪些因素有关?
4. 光电传感器用于测量转速有哪些方案?
5. 霍尔传感器的工作原理是什么?
6. 霍尔开关传感器分为哪些类型?

项目五　液位检测

◆**学习目标**

1. 掌握电容式传感器的工作原理；
2. 掌握电容式传感器的测量电路和应用；
3. 正确使用电容式液位传感器；
4. 了解超声波传感器及其特性；
5. 正确使用超声波液位传感器。

◆**项目描述**

在汽车、飞机的仪表盘上都安装有油箱油量的指示表，如

图 5 - 1 所示，该指示表是检测油箱液位的高低，也是驾驶员了

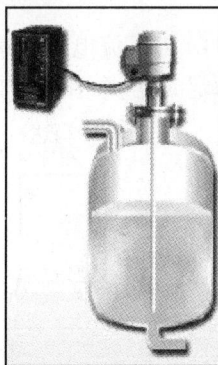

图 5 - 1　油箱油量的指示表

解汽车、飞机等重要参数之一。

任务 1　汽车油箱的油位检测

◆**任务背景**

随着汽车的日益普及，汽车油位传感器也越来越受到人们的关注，但传统的汽车油位传感器存在精度低、稳定性不高、使用寿命短、使用环境存在局限等问题，导致汽车的使用成本相应增加。

为了克服并改善传统汽车油位传感器存在的局限性，电容式液位传感器克服了传统油位传感器存在的上述缺点，而且在精度、稳定性等指标上有了质的飞跃，并具有数据精度高、稳定性强、使用寿命长等特点。

◆相关知识

电容式传感器是一种将被测量(如尺寸、压力等)的变化转换成电容量变化的传感器，其敏感部分是具有可变参数的电容器。

1　电容式液位传感器的外形

电容式传感器是一种把被测的非电量转换为电容量变化的传感器，它具有高阻抗、小功率、动态范围大、响应速度快、几乎没有零漂、结构简单、适应性强、可在恶劣的环境下使用等优点，但具有受分布电容影响严重的缺点。电容式液位传感器的外形如图 5-2 所示，主要有棒式和缆式 2 种。

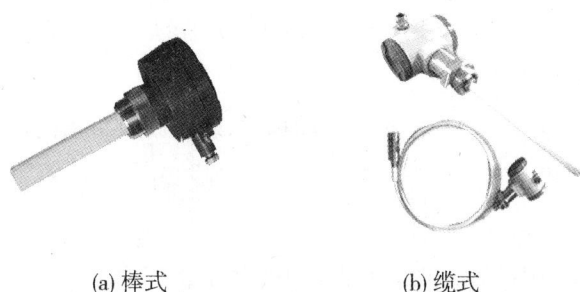

(a) 棒式　　　　　　(b) 缆式

图 5-2　电容式液位传感器的外形图

扫一扫观看电容式
传感器演示图片

2　几种电容传感器的结构

图 5-3 所示为几种常用电容传感器的结构。其中图 5-3(a)和(e)为变极距(δ)型，图5-3(b)、(c)、(d)、(f)、(g)、(h)为变面积(s)型，而图 5-3(i)～(l)为变介电常数(ε)型。

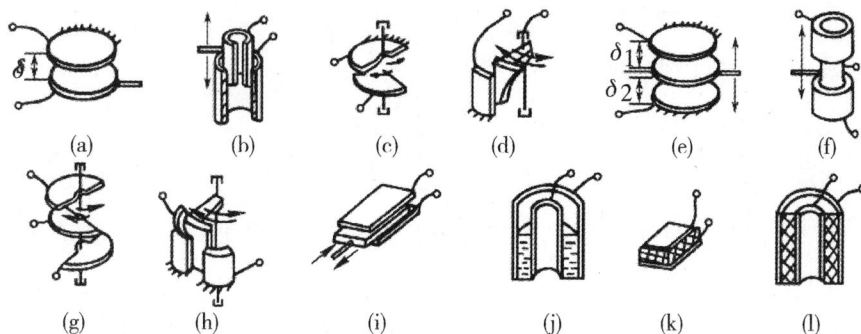

(a)　　(b)　　(c)　　(d)　　(e)　　(f)

(g)　　(h)　　(i)　　(j)　　(k)　　(l)

图 5-3　各种电容式传感器的结构示意图

3　电容传感器的工作原理

平板式电容器的电容量：

$$C = \frac{\varepsilon S}{d} = \frac{\varepsilon_0 \varepsilon_r S}{d} \tag{5-1}$$

式中，S 为两极板正对面积；d 为极板间距离；ε 为极板间介质的介电常数；ε_0 为真空介电常数，$\varepsilon_0 = 8.85 \times 10^{-12}$ F/m；ε_r 为介质的相对介电常数，对于空气介质 $\varepsilon_r = 1$。

由式(5-1)可以看出，当参数 S、d、ε 中的某一项或某几项发生变化时，电容 C 就发生变化。如果保持其中的两个参数不变，而仅改变第三个参数，就可以将该参数的变化转换为电容量的变化。这样，在实际应用中就可以利用电容量 C 的变化测量某些物理量。例如，改变极距 d 和面积 A，反映位移或角度的变化，从而可以间接测量压力、弹力等的变化；改变 ε_r 则可以反映厚度、温度的变化。

电容式传感器可以分为 3 种类型：改变极板面积的变面积式、改变极板距离的变间隙式、改变介质介电常数的变介电常数式。

1）变间隙式电容传感器

当传感器的 ε_r 和 S 为常数，初始极距为 d_0 时，可知其初始电容量 C_0 为：

$$C_0 = \frac{\varepsilon_0 \varepsilon_r S}{d_0} \tag{5-2}$$

若电容器极板间距离由初始值 d_0 缩小 Δd，电容量增大 ΔC，则有：

$$C = C_0 + \Delta C = \frac{\varepsilon_0 \varepsilon_r S}{d_0 - \Delta d} = \frac{C_0}{1 - \frac{\Delta d}{d_0}} = \frac{C_0\left(1 + \frac{\Delta d}{d_0}\right)}{1 - \left(\frac{\Delta d}{d_0}\right)^2} \tag{5-3}$$

若 $\Delta d/d_0 \ll 1$ 时，$1 - (\Delta d/d_0)^2 \approx 1$，则：

$$C = C_0 + C_0 \frac{\Delta d}{d_0}$$

此时 C 与 Δd 近似呈线性关系，所以变极距型电容式传感器只有在 $\Delta d/d_0$ 很小时，才有近似的线性关系。

另外，在 d_0 较小时，对于同样的 Δd 变化所引起的 ΔC 可以增大，从而使传感器灵敏度提高。但 d_0 过小，容易引起电容器击穿或短路。为此，极板间可采用高介电常数的材料(云母、塑料膜等)作介质，此时电容 C 变为

$$C=\frac{S}{\dfrac{d_g}{\varepsilon_0\varepsilon_g}+\dfrac{d_0}{\varepsilon_0}} \tag{5-4}$$

式中，ε_g 为云母的相对介电常数，$\varepsilon_g=7$；ε_0 为空气的介电常数，$\varepsilon_0=1$；d_0 为空气隙厚度；d_g 为云母片的厚度。

云母片的相对介电常数是空气的 7 倍，其击穿电压不小于 1 000 kV/mm，而空气仅为 3 kV/mm。因此有了云母片，极板间起始距离可大大减小，同时，$d_g/(\varepsilon_0\varepsilon_g)$ 项是恒定值，它能使传感器的输出特性的线性度得到改善。

一般变极板间距离电容式传感器的起始电容在 20～100 pF 之间，极板间距离在 25～200 μm 的范围内，最大位移应小于间距的 1/10，故在微位移测量中应用广泛。

电容传感器的典型应用为指纹识别。指纹识别所需电容传感器包含一个大约有数万个金属导体的阵列，其外面是一层绝缘的表面，当手指放在上面时，金属导体阵列、绝缘物、皮肤就构成了相应的小电容器阵列。它们的电容值随着脊（近的）和沟（远的）与金属导体之间的距离不同而变化，如图 5-4 所示。

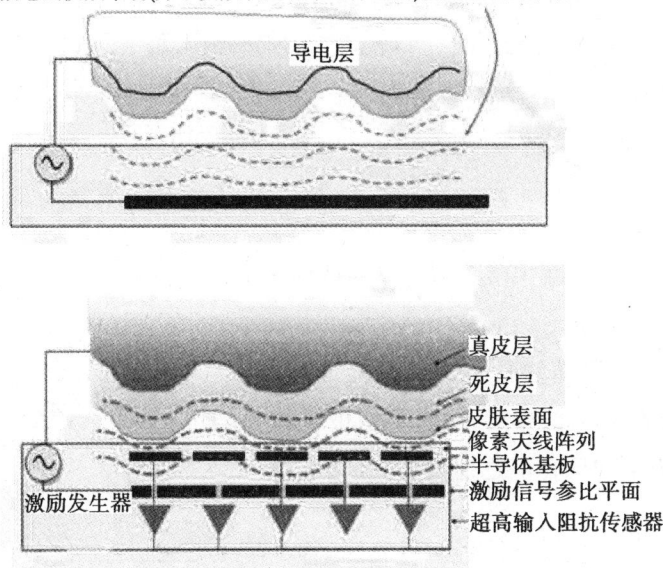

图 5-4　电容传感器在指纹识别中的应用

2）变面积式电容传感器

变面积式电容传感器有角位移型、平面线位移型和柱面线位移型 3 种类型，如图 5-5 所示。

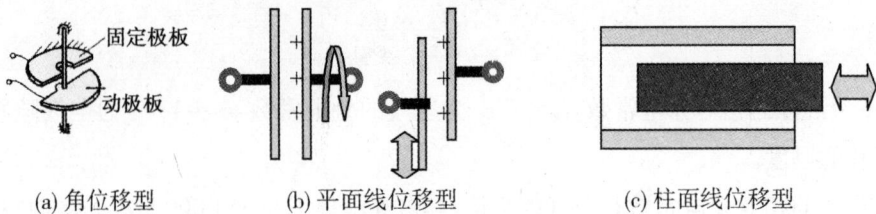

(a) 角位移型　　(b) 平面线位移型　　(c) 柱面线位移型

图 5-5　变面积式电容传感器

（1）角位移型

图 5-6 为电容式角位移传感器原理图。当移动极板有一个角位移 θ 时，与定极板间的有效覆盖面积就发生改变，从而改变了两极板间的电容量。

当 $\theta=0$ 时，则

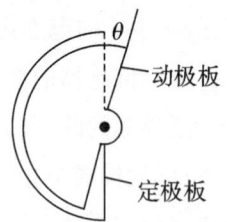

$$C_0 = \frac{\varepsilon_0 \varepsilon_r S_0}{d_0} \qquad (5-5)$$

**图 5-6　电容式角位移
传感器原理图**

式中，ε_r 为介质相对介电常数；d_0 为两极板间距离；S_0 为两极板间初始覆盖面积。

当 $\theta \neq 0$ 时，则

$$C = \frac{\varepsilon_0 \varepsilon_r S_0 \left(1 - \dfrac{\theta}{\pi}\right)}{d_0} = C_0 - C_0 \frac{\theta}{\pi} \qquad (5-6)$$

可以看出，传感器的电容量 C 与角位移 θ 呈线性关系。

（2）平面线位移式

图 5-7 为电容平面线位移式传感器原理图。当其中一个极板发生 x 位移后，改变了两极板间的覆盖面积 S，电容量 C 同样随之变化。

$$C_x = \frac{\varepsilon_r b(a-x)}{3.6 \pi d} = C_0 \left(1 - \frac{x}{a}\right) \qquad (5-7)$$

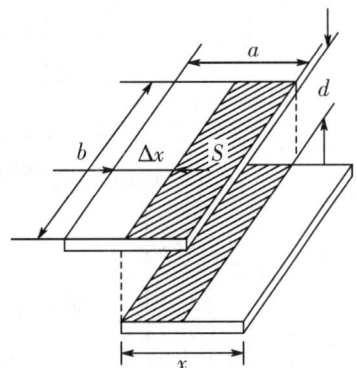

因此，电容 C_x 与位移 x 呈线性关系。

此传感器的灵敏度 K

$$K = \frac{\mathrm{d}C_x}{\mathrm{d}x} = \frac{C_0}{a} \qquad (5-8)$$

图 5-7　电容平面线位移式传感器原理图

由式（5-8）可得，初始电容值 C_0 可以提高传感器的灵敏度，但 x 变化不能太大，否

则边缘效应会使传感器特性产生非线性变化。

3）变介电常数式电容传感器

因为各种介质的介电常数不同,若在两电极间充以空气以外的其他介质,使介电常数相应变化时,电容量也将随之变化。变介电常数型电容式传感器的结构形式种类很多,大多是用于测量电介质的厚度、液位,还可根据极间介质的介电常数随温度、湿度改变而改变,用于测量介质材料的温度、湿度等。

（1）单组式厚度传感器

如图 5-8 所示,设电容的极板面积为 S,间隙为 a,当有一厚度为 d、相对介电常数为 ε_r 的固体电介质通过极板间的间隙时,若忽略边缘效应,电容器的电容为

$$C=\frac{\varepsilon_0 S}{a-d+d/\varepsilon_r} \tag{5-9}$$

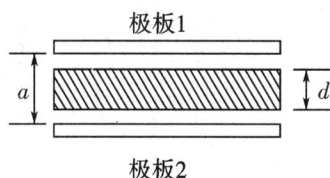

图 5-8　单组式厚度传感器

（2）单组式平板形线位移传感器

图 5-9 为单组式平板形线位移传感器原理图。设平板的面积为 $L_0 b_0$,则

$$C=C_1+C_2=\varepsilon_0 b_0 \frac{\varepsilon_{r1}(L_0-L)+\varepsilon_{r2}L}{d_0} \tag{5-10}$$

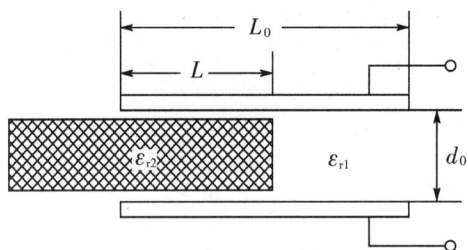

图 5-9　单组式平板形线位移传感器

当 $L=0$ 时,传感器的初始电容:

$$C_0=\frac{\varepsilon_0 \varepsilon_{r1} L_0 b_0}{d_0}=\frac{\varepsilon_0 L_0 b_0}{d_0} \tag{5-11}$$

当被测电介质进入极板间 L 深度后,引起电容相对变化量为:

$$\frac{\Delta C}{C_0}=\frac{C-C_0}{C_0}=\frac{(\varepsilon_{r2}-1)L}{L_0} \tag{5-12}$$

因此,电容变化量与电介质移动量 L 呈线性关系。

（3）圆筒式液位传感器

图 5-10 为圆筒式液位传感器的原理图。若容器内介质的介电常数为 ε_1,容器介质

上面气体的介电常数为 ε_2，当容器内液面变化时，两极板间的电容量 C 也会变化。

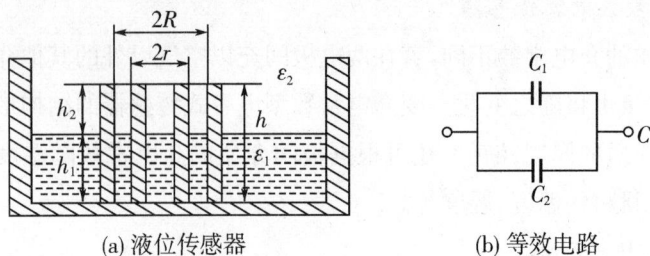

(a) 液位传感器   (b) 等效电路

图 5-10   圆筒式液位传感器的原理图

气体介质间的电容量 C_1 为

$$C_1 = \frac{2\pi h_2 \varepsilon_2}{\ln(R/r)} = \frac{2\pi(h-h_1)\varepsilon_2}{\ln(R/r)} \tag{5-13}$$

液体介质间的电容量 C_2 为

$$C_2 = \frac{2\pi h_1 \varepsilon_1}{\ln(R/r)} \tag{5-14}$$

总电容量为

$$C = C_1 + C_2 = \frac{2\pi(h-h_1)\varepsilon_2}{\ln(R/r)} + \frac{2\pi h_1 \varepsilon_1}{\ln(R/r)} = \frac{2\pi h \varepsilon_2}{\ln(R/r)} + \frac{2\pi h_1(\varepsilon_1-\varepsilon_2)}{\ln(R/r)} \tag{5-15}$$

令 $A = \dfrac{2\pi h \varepsilon_2}{\ln(R/r)}$，则

$$K = \frac{2\pi(\varepsilon_1-\varepsilon_2)}{\ln(R/r)} \tag{5-16}$$

则有： $$C = A + Kh_1 \tag{5-17}$$

因此，传感器的电容量 C 与液位高度 h_1 呈线性关系。

4 电容式传感器的测量电路

由于电容式传感器中电容值以及电容变化值都十分微小，这样微小的电容量目前的显示仪表还不能直接显示，记录仪也很难接收，因此不便于传输。这就必须借助于测量电路检测其微小电容增量，并将其转换成与之成单值函数关系的电压、电流或者频率。电容转换电路有调频电路、运算放大器式电路、二极管双 T 型交流电桥、脉冲宽度调制电路等。

1）等效电路

如图 5-11 所示，C 为传感器电容，R_P 为并联电阻，并包括电极间直流电阻和气隙中介质损耗的等效电阻,串联电感 L 表示传感器各连线端间的总电感,串联电阻 R_S 表示引线电阻、金属接线柱电阻及电容极板电阻之和。

等效阻抗:

$$Z_C = \left(R_S + \frac{R_P}{1+\omega^2 R_P^2 C^2}\right) - \mathrm{j}\left(\frac{\omega R_P^2 C}{1+\omega^2 R_P^2 C^2} - \omega L\right)$$

$$(5-18)$$

式中,ω 为激励电源角频率,$\omega = 2\pi f$。

由于传感器并联电阻 R_P 很大,式(5-18)经化简后得等效电容为:

$$Z_C = \frac{1}{\mathrm{j}\omega C_E} \tag{5-19}$$

$$C_E = \frac{C}{1-\omega^2 LC} = \frac{C}{1-(f/f_0)^2} \tag{5-20}$$

式中,f_0 为电路谐振频率,$f_0 = \dfrac{1}{2\pi\sqrt{LC}}$。

2) 调频电路

调频测量电路把电容式传感器作为振荡器谐振回路的一部分。当输入量导致电容量发生变化时,振荡器的振荡频率就发生变化。虽然可将频率作为测量系统的输出量,用以判断被测非电量的大小,但此时系统是非线性的,不易校正,因此加入鉴频器,将频率的变化转换为振幅的变化,经过放大就可以用仪器指示或记录仪记录下来。调频测量电路原理框图如图 5-12 所示。

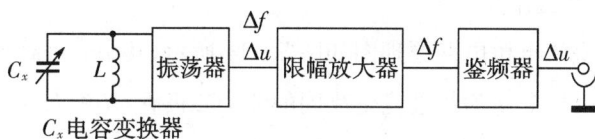

图 5-12　调频测量电路原理框图

调频振荡器的振荡频率为:

$$f = \frac{1}{2\pi\sqrt{LC}} \tag{5-21}$$

式中,L 为振荡回路的电感;C 为振荡回路的总电容,$C = C_1 + C_2 + C_0 \pm \Delta C$。其中,$C_1$ 为振荡回路固有电容,C_2 为传感器引线分布电容,$C_0 \pm \Delta C$ 为传感器的电容。

当被测信号为 0 时,$\Delta C = 0$,则 $C = C_1 + C_2 + C_0$,所以振荡器的固有频率 f_0,

$$f_0 = \frac{1}{2\pi\sqrt{(C_1+C_2+C_0)L}} \quad\quad (5-22)$$

当被测信号不为 0 时，$\Delta C \neq 0$，振荡器频率有相应变化，此时频率为

$$f = \frac{1}{2\pi\sqrt{(C_1+C_2+C_0)L}} = f_0 \pm \Delta f \quad\quad (5-23)$$

调频电容传感器测量电路具有较高的灵敏度，可以测至 0.01 μm 级位移变化量。频率输出易于用数字测量仪器与计算机通信，抗干扰能力强，可以发送、接收以实现遥测遥控。

3) 运算放大器式电路

由于运算放大器的放大倍数非常大，而且输入阻抗 Z_i 很高，因此，运算放大器是作为电容式传感器理想的测量电路。如图 5-13 所示，由运算放大器工作原理可得：

$$\dot{U}_O = -\frac{C}{C_X}\dot{U}_i \quad\quad (5-24)$$

如果传感器是一个平板电容，可得：

$$\dot{U}_O = -\dot{U}_i\frac{C}{\varepsilon S}d \quad\quad (5-25)$$

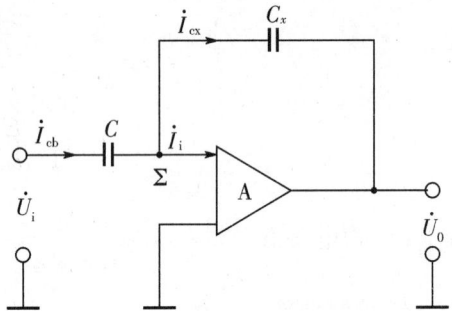

图 5-13　运算放大器式电路原理图

式中，"一"号表示输出电压的相位与电源电压反相。运算放大器的输出电压与极板间距离 d 呈线性关系。

4) 二极管双 T 型交流电桥

二极管双 T 型交流电桥电路原理图如图 5-14 所示，其中 e 是高频电源，可提供幅值为 U_i 的对称方波，VD_1、VD_2 为特性完全相同的 2 个二极管，$R_1=R_2=R$，C_1、C_2 为传感器的 2 个差动电容。

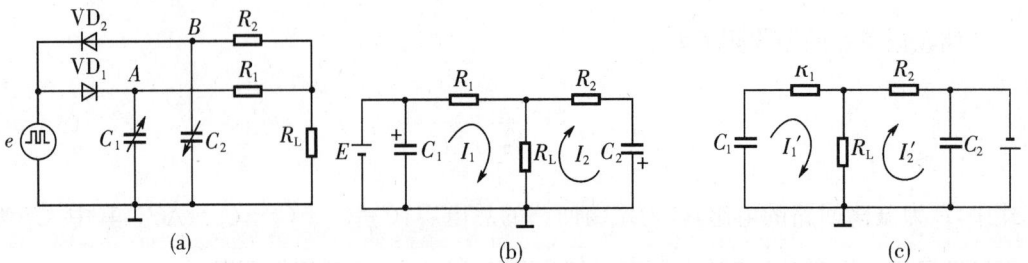

图 5-14　二极管双 T 型交流电桥电路原理图

其电路工作原理如下：

当 e 为正半周时，二极管 VD₁ 导通，VD₂ 截止，于是电容 C_1 充电；在随后负半周出现时，电容 C_1 上的电荷通过电阻 R_1、负载电阻 R_L 放电，流过 R_L 的电流为 I_1。在负半周内，VD₂ 导通，VD₁ 截止，则电容 C_2 充电；在随后出现正半周时，C_2 通过电阻 R_2、负载电阻 R_L 放电，流过 R_L 的电流为 I_2。根据上面所给的条件，则电流 $I_1 = I_2$，且方向相反，在一个周期内流过 R_L 的平均电流为零。

若传感器输入不为 0，则 $C_1 \neq C_2$，那么 $I_1 \neq I_2$，此时 R_L 上必定有信号输出，其输出在一个周期内的平均值为：

$$U_o = I_L R_L = \frac{1}{T} \left(\int_0^T \left[I_1(t) - I_2(t) \right] dt \right) \cdot R_L$$

$$\approx \frac{R(R + 2R_L)}{(R + R_L)^2} R_L U_i f(C_1 - C_2) \tag{5-26}$$

式中，f 为电源频率；

当 R_L 已知，式中 $[R(R+2R_L)/(R+R_L)2]R_L = M$（常数），则 $U_o = E_i f_M(C_1 - C_2)$。可知，输出电压 U_o 不仅与电源电压的幅值和频率有关，而且与 T 型网络中的电容 C_1、C_2 的差值有关。当电源电压确定后，输出电压 U_o 是电容 C_1 和 C_2 的函数。该电路输出电压较高，当电源频率为 1.3 MHz，电源电压 $E_i = 46$ V 时，电容从 -7 pF 变化至 $+7$ pF，可以在 1 MΩ 负载上得到 $-5 \sim +5$ V 的直流输出电压。电路的灵敏度与电源幅值和频率有关，故输入电源要求稳定。当 U_i 幅值较高，使二极管 VD₁、VD₂ 工作在线性区域时，测量的非线性误差很小。电路的输出阻抗与电容 C_1、C_2 无关，而仅与 R_1、R_2 及 R_L 有关，其值为 $1 \sim 100$ kΩ。输出信号的上升沿时间取决于负载电阻。对于 1 kΩ 的负载电阻上升时间为 20 μs 左右，故可用来测量高速的机械运动。

5）脉冲宽度调制

脉冲宽度调制电路（PWM）是利用传感器的电容充、放电使电路输出脉冲的占空比随电容式传感器的电容量变化而变化，并通过低通滤波器得到对应于被测量变化的直流信号，图 5-15 为脉冲宽度调制电路原理图。

图 5-15 中 C_1、C_2 为差动式电容传感器，当双稳态触发器处于某一状态，$Q = 1$，$\overline{Q} = 0$，A 点高电位通过 R_1 对 C_1 充电，时间常数 $\tau_1 = R_1 C_1$，直至 C 点电位高于 U_r，比较器 A1 输出正跳变信号。与此同时，因 $\overline{Q} = 0$，电容器 C_2 上已充电流通过 VD₂ 迅速放电至零电平。A1 正跳变信号激励触发器翻转，使 $Q = 0$，$\overline{Q} = 1$，于是 A 点为低电位，C_1 通过 VD₁ 迅速放电，而 B 点高电位通过 R_2 对 C_2 充电，时间常数为 $\tau_2 = R_2 C_2$，直至 D 点电位高于参比电位 U_r。比较器 A2 输出正跳变信号，使触发器发生翻转。

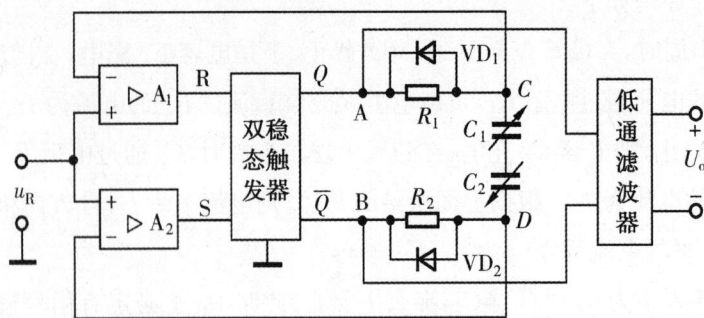

图 5-15　脉冲宽度调制电路原理图

① 当差动电容器 $C_1 = C_2$ 时，A、B 两点间的平均电压值为零。

② 当差动电容 $C_1 \neq C_2$，且 $C_1 > C_2$，则 $\tau_1(\tau_1 = R_1 C_1) > \tau_2(\tau_2 = R_2 C_2)$。此时 U_A、U_B 脉冲宽度不再相等，一个周期 $(T_1 + T_2)$ 时间内的平均电压值不为零。此 U_{AB} 电压经低通滤波器滤波后，可获得 U_o 输出为：

$$U_o = U_A - U_B = U_1 \tag{5-27}$$

脉冲宽度调制电路各端电压波形图如图 5-16 所示。

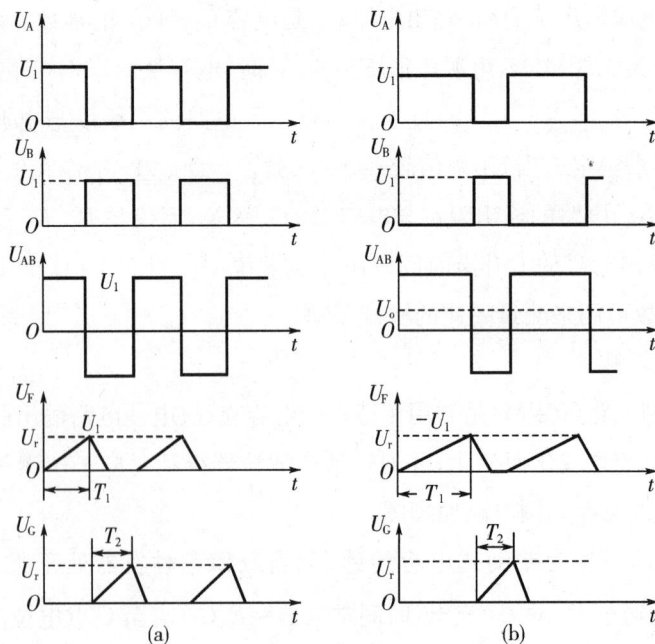

图 5-16　脉冲宽度调制电路电压波形

5　正确使用电容式液位传感器

电容式液位计的工作原理是利用液位高低变化来影响电容器电容量大小，进而实现测量液位的测量。依据该工作原理还可进行其他形式的物位测量，能够对导电介质和非导电介质进行测量，此外还能测量有倾斜晃动及高速运动的容器的液位。因此，电容式液位计不仅可作为液位控制器，而且还能用于连续测量。下面以电容式液位计为例简述电容式液位传感器的使用。

电容式液位计的安装形式因被测介质性质不同而有差别，图 5-17 是用来测量导电介质的单电极电容液位计，该液位计是使用一根由紫铜或不锈钢的电极作为

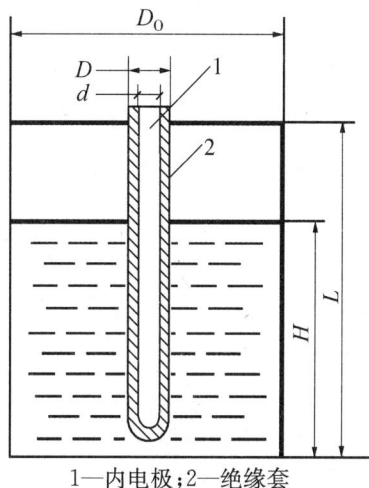

1—内电极；2—绝缘套

图 5-17　单电极电容液位计

电容器的内电极，其绝缘层是聚四氟乙烯塑料管或搪瓷，而导电液体和容器壁构成电容器的外电极。

图 5-18 为用于测量非导电介质的同轴双层电极电容式液位计。内电极和与之绝缘的同轴金属套组成电容的两极，外电极上开有很多流通孔使液体流入极板间。

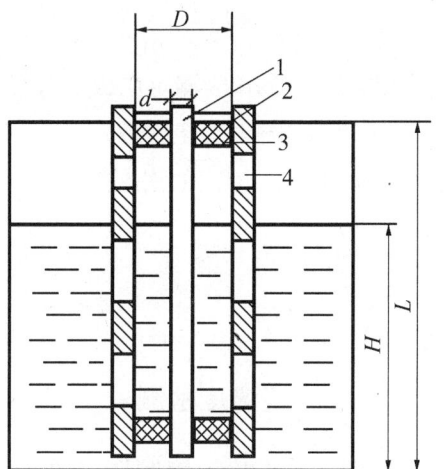

1、2—内、外电极；3—绝缘套；4—流通孔

图 5-18　双层电极电容式液位计

以上介绍的两种电容式液位计是一般的安装方法，在有些特殊场合还有其他特殊安装形式，如大直径容器或介电系数较小的介质，为增大测量灵敏度，通常也只用一根电极，将其靠近容器壁安装，使其与容器壁构成电容器的两极。在测大型容器或非导电容器内装非导电介质时，可用两根不同轴的圆筒电极平行安装构成电容；在测极低温度下的液态

气体时,一只电容灵敏度太低,可取同轴多层电极结构,把奇数层和偶数层的圆筒分别连接在一起成为两组电极,变成相当于多个电容并联,以增加灵敏度。

电容式料位和液位传感器如图 5-19 所示。测定电极安装在金属储罐的顶部,储罐的罐壁和测定电极之间形成了一只电容器。

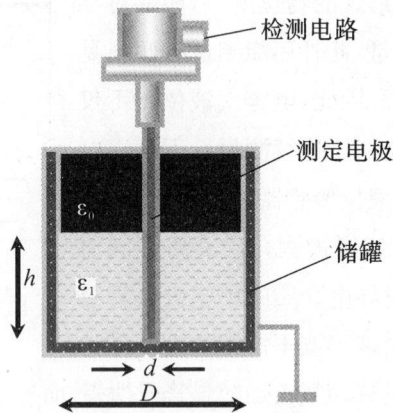

图 5-19 电容式料位传感器

由图 5-19 可知,电容随料位高度 h 变化的关系为:

$$C = \frac{k(\varepsilon_1 - \varepsilon_0)h}{\ln\dfrac{D}{d}} \tag{5-28}$$

式中,k 为比例常数;D 为储罐的内径;d 为测定电极的直径;h 为被测物料的高度;ε_0 为空气的相对介电常数;ε_1 为被测物料的相对介电常数。

由式(5-28)可以看出,两种介质的介电常数差别越大,D 与 d 相差越小,传感器的灵敏度越高。

◆ **拓 展 知 识**

土壤湿度检测

电容式湿度传感器是利用湿敏元件的电容值随湿度变化而变化的原理进行湿度测量的传感器。该湿敏元件实际上是一种吸湿性电解质材料的介电常数随湿度变化而变化的薄片状电容器,感湿材料为聚酰铵树脂,酰根纤维素和金属氧化物,如 Al_2O_3 等。

电容式湿度传感器线性度较好,重复性好,滞后小,反应快,尺寸小,能在 $-10 \sim 60$ ℃ 的湿度环境下使用,但电容式湿度传感器同时存在质量问题,稳定性不理想等问题。由于电容值在单位级变化,1%RH 为 0.3 pF,容值小的漂移就容易造成 1%RH 值的突变,因此,一般在控制领域使用电容式湿敏传感器都需要慎重考虑。

任务2　高压密闭容器的液位检测

◆ 任务背景

化工业生产过程中常需要精确测量密闭容器内的液体液位,而这些液体一般都是易爆、易挥发、强腐蚀、有毒性的,其液位检测有一定难度,人们曾试图将多种检测法应用到液位检测中,但都有不足之处,例如:浮球式、电容式液位计虽操作简单,但由于是接触式测量,安装时无法避免液体挥发;放射性液位计虽安装方便实现非接触测量,但不能对液位进行连续测量,且放射源对人体有害;而利用超声波可以从罐外连续、精确测量罐内液体液位高度,并且完全

图 5 - 20　外置式智能型超声波液位计对
高压密闭容器的液位检测

不接触罐内的气体和液体,可实现液体液位的非接触测量,如图 5 - 20 所示。

◆ 相关知识

超声波传感器是一种利用超声波的特性而研制的传感器。超声波是一种振动频率高于声波的机械波,由换能晶片在电压的激励下发生振动而产生的,它具有频率高、波长短、绕射现象小,特别是方向性好,能够成为射线而定向传播等特点。超声波对液体、固体的穿透本领很大,尤其是在不透明的固体中,可穿透几十米的深度。超声波碰到杂质或分界面会产生显著的反射形成回波,碰到活动物体能产生多普勒效应。

1　超声波传感器的外形结构和特性

超声波传感器能将声信号转换成电信号,属于典型的双向传感器。该超声波传感器具有低成本、小角度、小盲区、无接触、防水、防腐蚀、测量准确等优点,可广泛应用于工业、国防、生物医学检测等领域。

超声波传感器若按超声波探头的结构可分为直探头、斜探头、双探头和液浸探头;若按其工作原理可分为压电式、磁致伸缩式、电磁式等。实际使用中最常见的超声波传感器是压电式探头。

1) 超声波传感器的外形

图 5-21 为部分超声波传感器外形。

(a) 超声波液位传感器　(b) 超声波距离传感器　(c) 磁致伸缩线性位移传感器　　(d) 压电式超声波探头

图 5-21　部分超声波传感器的外形图

2) 超声波传感器的特性

超声波传感器的性能指标主要包括：

（1）工作频率。工作频率就是压电晶片的共振频率，当加到超声波传感器两端的交流电压的频率与压电晶片的共振频率相等时，其输出的能量最大，灵敏度也最高。

（2）工作温度。由于压电材料的居里点一般比较高，特别时诊断用超声波探头的使用功率较小，所以工作温度比较低，可以长时间地工作而不失效，例如医疗用的超声探头的温度比较高，需要单独的制冷设备。

（3）灵敏度。灵敏度主要取决于制造晶片本身，机电耦合系数大，灵敏度高，反之，灵敏度低。

3) 压电式超声波传感器的结构和特性

压电式超声波传感器的探头主要由压电晶片（敏感元件）、吸收块（阻尼块）、保护膜组成，其结构如图 5-22 所示。

压电晶片多为圆板形，厚度为 d。超声波频率 f 与其厚度 d 成反比。

$$f = \frac{1}{2d}\sqrt{\frac{E_{11}}{\rho}} \qquad (5-29)$$

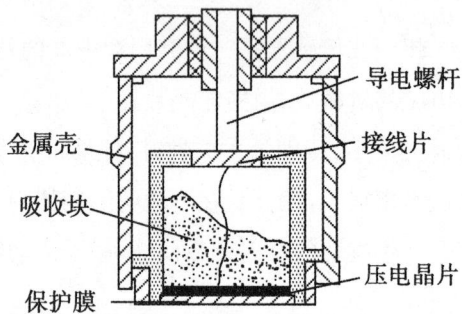

图 5-22　压电式超声波传感器探头结构图

式中，E_{11} 为晶片沿 X 轴方向的弹性模量；ρ 为晶片的密度。

从式（5-29）可知，压电晶片在基频作厚度振动时，晶片厚度 d 相当于晶片振动的半波长，因此可以依此规律选择晶片厚度。

石英晶体的频率常数（$\sqrt{E_{11}/\rho/2}$）为 2.87 MHz·mm，锆钛酸铅陶瓷（PZT）频率常数为 1.89 MHz·mm，说明石英晶片厚为 1 mm 时，其自然振动频率为 2.87 MHz，PZT 片厚为 1 mm 时,自然振动频率为1.89 MHz,若片厚为 0.7 mm,则振动频率为 2.5 MHz,这是常用的超声频率。

阻尼块的作用是降低晶片的机械品质,吸收声能量。如果没有阻尼块,当激励的电脉冲信号停止时,晶片将继续振荡,使得超声波的脉冲宽度加长,分辨率变差。

2 超声波的特性

振动在弹性介质内的传播称为波动,简称波。频率在 $20\sim20$ kHz 之间,为人耳所闻的机械波,称为声波;低于 20 Hz 的机械波,称为次声波;高于 20 kHz 的机械波,称为超声波,如图 5 - 23 所示。

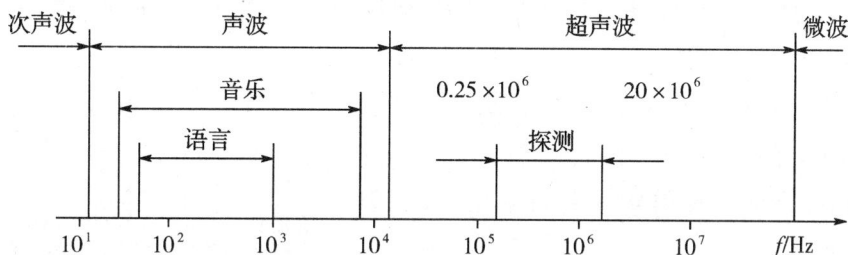

图 5 - 23 机械波的组成

1)超声波的特性

(1)超声波的束射特性

由于超声波的波长短,超声波射线可以和光线一样,能够反射、折射,也能聚焦,而且遵循几何光学的定律,即超声波射线从一种物质表面反射时,入射角等于反射角,当射线透过一种物质进入另一种密度不同的物质时就会产生折射,也就是改变其的传播方向,两种物质的密度差别愈大,则折射也愈大。

(2)超声波的吸收特性

声波在各种物质中传播时,随着传播距离的增加,强度渐进减弱,这是因为物质要吸收其能量。对于同一物质,声波的频率越高,吸收越强。对于同一频率一定的声波,在气体中传播时吸收最强,在液体中传播时吸收较弱,而在固体中传播时吸收最弱。

(3)超声波的能量传递特性

超声波广泛应用,主要是因为其具有比声波更强的功率。这是因为当声波到达某一物质时,由于声波的作用使物质中的分子也随着振动,振动频率与声波频率一样,分子振动的频率决定了分子振动的速度,频率愈高,速度愈大。物质分子由于振动所获得的能量除了与分子的质量有关外,还由分子的振动速度的平方所决定,所以如果声波的频率愈高,也就是物质分子愈能得到更高的能量。超声波的频率比声波高很多,所以它可以使物质分子获得很大的能量,换句话说,超声波本身可以供给物质足够大的功率。

(4) 超声波的声压特性

当声波通入某物体时,由于声波振动使物质分子产生压缩和稀疏的作用,将使物质所受的压力产生变化。由于声波振动而引起的附加压力现象称为声压作用。

2) 超声波的波形和波速

声波在介质中传播时有 3 种主要波形:纵波、横波、表面波。其中,纵波是质点的振动方向与波的传播方向一致,并能在固体、液体和气体介质中传播;横波是质点振动方向垂直于波的传播方向,只能在固体介质中传播;而表面波是质点的振动介于纵波和横波之间,沿着表面传播,振幅随深度增加而迅速衰减,表面波质点振动的轨迹是椭圆形,质点位移的长轴垂直于传播方向,质点位移的短轴平行于传播方向,表面波只能在固体表面传播。

当纵波以某一角度入射到第二介质(固体)的界面时,除有纵波的反射和折射外,还会有横波的反射和折射,并在一定条件下,还能产生表面波,各种波形都符合波的反射定律和折射定律,如图 5 - 24 所示。

超声波的传播速度的计算公式为:

$$声速 = \sqrt{弹性率/密度},$$

超声波在气体和液体中没有横波,只能传播纵波,则其传播速度为:

$$c = \sqrt{K/\rho} \qquad (5 - 30)$$

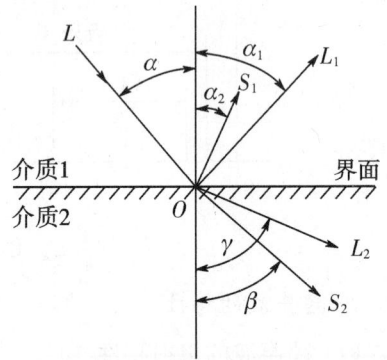

L—入射纵波;L_1—反射纵波;L_2—折射纵波;S_1—反射横波;S_2—折射横波

图 5 - 24　波形转换图

式中,K 为介质的体积弹性模量,它是体积(绝热的)压缩性的倒数;ρ 为介质的密度。

气体中的声速约为 344 m/s,液体中的声速为 900~1 900 m/s。

超声波在固体介质中,纵波、横波、表面波三者的声速分别为:

$$c_{纵} = \sqrt{\frac{E}{\rho} \cdot \frac{1-\mu}{(1+\mu)(1-2\mu)}} \qquad (5 - 31)$$

$$c_{横} = \sqrt{\frac{E}{\rho} \cdot \frac{1}{2(1+\mu)}} = \sqrt{\frac{G}{\rho}} \qquad (5 - 32)$$

$$c_{表面} \approx 0.9\sqrt{\frac{g}{\rho}} = 0.9 c_{横} \qquad (5 - 33)$$

式中,E 为固体介质的杨氏模量;μ 为固体介质的泊松比;G 为固体介质的剪切弹性模量;ρ

为介质密度,对于固体介质,μ 介于 $0.2\sim0.5$ 之间,因此一般认为 $c_{横}\approx c_{纵}/2$。

3) 超声波的反射和折射

当超声波从一种介质传播到另一种介质时,在两介质的分界面上将发生反射和折射,如图 5 - 25 所示。超声波的反射和折射满足波的反射定律和折射定律,即

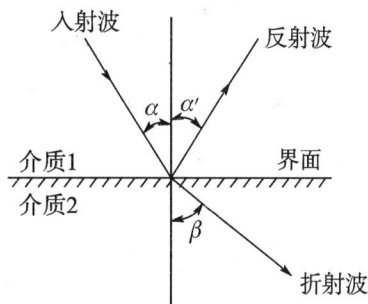

$$\alpha' = \alpha$$

$$\frac{\sin\alpha}{\sin\beta} = \frac{c_1}{c_2} \qquad (5-34)$$

图 5 - 25　超声波的反射和折射

4) 声波的衰减

超声波在一种介质中传播时,随着距离的增加,能量逐渐衰减。其声压和声强的衰减规律为

$$P = P_0 e^{-\alpha x} \qquad (5-35)$$

$$I = I_0 e^{-\alpha x} \qquad (5-36)$$

式中,P_0、I_0 为声波在距离声源 $x=0$ 处的声压和声强;P、I 为声波在距离声源 x 处的声压和声强;α 为衰减系数。

超声波在介质中传播时,能量的衰减决定于声波的扩散、散射和吸收。经常以 dB/cm 或 10^{-3} dB/mm 为单位表示衰减系数。在一般探测频率上,材料的衰减系数在 1 到几百之间。若衰减系数为 1 dB/mm,声波穿透 1 mm 时,则衰减 1 dB,即衰减 10%;声波穿透 20 mm,则衰减 20 dB,即衰减 90 %。

5) 超声波与介质的相互作用

超声波在介质中传播时与介质相互作用会产生机械效应、空化效应和热效应。

(1) 机械效应

超声波在传播过程中会引起介质质点交替地压缩和扩张,从而构成了压力的变化,这种压力变化将引起机械效应。超声波引起的介质质点运动,虽然产生的位移和速度不大,但是与超声振动频率的平方成正比的质点加速度却很大,有时超过重力加速度的数万倍。这么大的加速度足以造成对介质的强大机械作用,甚至能达到破坏介质的程度。

(2) 空化效应

在流体动力学中,存在于液体中的微气泡(空化核)会在声场的作用下发生振动,当声压达到一定值时,气泡将迅速膨胀,然后突然闭合,在气泡闭合时产生冲击波。这种膨胀、闭合、振动等一系列动力学过程称为声空化(Acoustic Cavitation)。这种声空化现象是超声学及其应用的基础。

（3）热效应

如果超声波作用于介质时被介质所吸收，实际上也就是有能量吸收。同时，由于超声波的振动，使介质产生强烈的高频振荡，介质间互相摩擦而发热，这种能量可使固体、流体介质温度升高。超声波在穿透两种不同介质的分界面时，温度升高值更大，这是由于分界面上特性阻抗不同，将产生反射，形成驻波引起分子间的相互摩擦而发热。超声波的热效应在工业、医疗上都得到了广泛应用。

超声波与介质作用除了以上几种效应外，还有声流效应、触发效应和弥散效应等。

3　正确使用超声波液位传感器

1）介质纯净度

（1）液体中不能充满密集气泡；

（2）液体中不能悬浮大量固体，如结晶物；

（3）容器底部不能沉积大量泥沙和沉淀物。

2）介质黏度

动力黏度小于 10 mPa·S 时，正常测量；当动力黏度介于 10～30 mPa·S 之间时，可能会使仪表量程减小。动力黏度大于 30 mPa·S 时，不能测量。

需要注意的是，随温度升高，黏度降低，大部分高黏度的液体受温度影响更明显，所以测量有黏度液体时应注意液体温度的影响。

3）被测容器

（1）安装测量探头处的容器壁要求用能够良好传递信号的硬质材料制成，例如，碳钢、不锈钢、各种硬金属、玻璃钢、硬质塑料、陶瓷、玻璃、硬橡胶等材料或其复合材料。安装测量探头处的容器若为多层材料，则层间应紧密接触，无气泡或气体夹层，该处容器壁的内外表面应平整，如硫化硬橡胶衬层，不锈钢衬层，钛衬层。

（2）壁厚为 2～70 mm。

（3）罐型为球罐、卧罐、立式罐。

4）安装要求

超声波液位传感器安装示意图如图 5-26 所示。

探头安装要求如下：

（1）对于铁质容器，可以在探头的工作端面涂上硅脂并用磁性吸盘将其直接贴在容器底部，若容器外壳无玻璃等其他材料，可以用胶将探头粘贴固定或用支架固定于容器底部，探头指向应与所测距离在同一直线上；

（2）探头正上方无盘管等遮挡物；

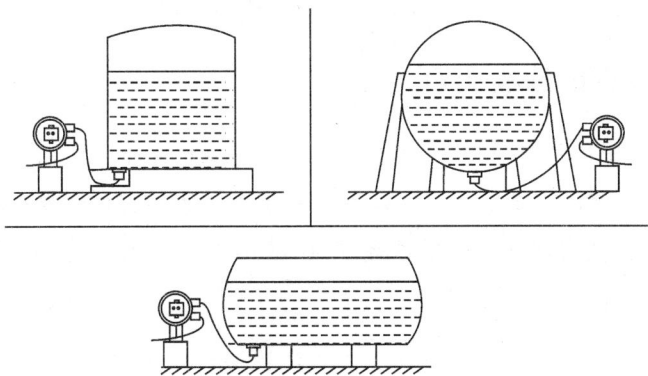

图 5 - 26　超声波液位传感器安装示意图

（3）远离罐底进液口，以避免进液剧烈流动对测量的影响；

（4）远离罐顶进液口下方位置，以避免进液冲击使液面剧烈波动，以影响测量；

（5）高于出液口或排污口，以避免罐底长期沉积污物对测量的影响，如不满足条件，应采取相应措施保证定期清除罐底污物；

（6）液位测量头用磁性或焊/粘接等固定方式安装时，容器壁安装表面尺寸应不小于Φ80 的圆面，表面粗糙度应达到 1.6，倾斜度应小于 3°（旁通管除外）。

5）工作原理

如图 5 - 27 所示在液罐下方安装有超声波发射器的接收器，超声波传感器发射出的超声波在液面被反射，经过时间 t 后，探头接收到从液面反射的回音脉冲，这样探头到液面的距离 L 由下式可得：

$$L = \frac{1}{2}ct \qquad (5-37)$$

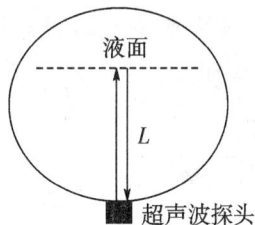

图 5 - 27　超声波测液位示意图

式中，c 为超声波在被测介质中的传播速度；t 为从发出超声波到接收到接收到超声波的时间。

◆**拓展知识**

超声波测距系统

1　超声波测距的方法

超声波测距的方法有相位检测法、声波幅值检测法和渡越时间检测法等。相位检测法虽然精度高,但是检测范围有限;而声波幅值检测法易受反射波的影响。

2 超声波测距的基本原理

超声波发生器在某一时刻发出超声波信号,遇到被测物体后反射回来,被超声波接收器接收到。只要计算出超声波信号从发射到接收到回波信号的时间,已知在介质中的传播速度,就可以计算出距被测物体的距离:

扫一扫观看超声波
测距系统演示图片

$$d = s/2 = (vt)/2 \tag{5-38}$$

式中,d 为被测物到测距仪之间的距离;s 为超声波往返通过的路程;v 为超声波在介质中的传播速度;t 为超声波从发射到接收所用的时间。

超声波在空气中的传播速度为 340 m/s,则

$$d = s/2 = (340t)/2 \tag{5-39}$$

3 超声波的发射电路

超声波发射电路一般是由超声波反射器 T、40 kHz 的超音频振荡器、驱动(或激励)电路等组成,该设计是利用门电路产生 40 kHz 的超声波,组成的超声波发射电路如图 5-28 所示。

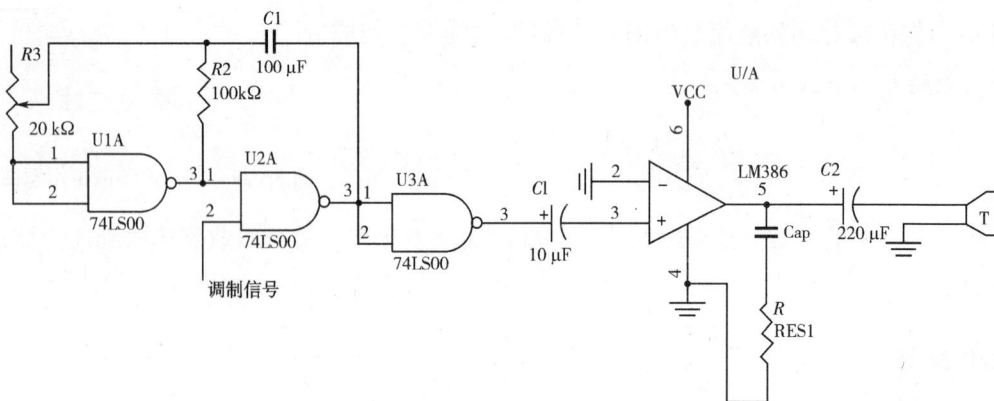

图 5-28 超声波的发射电路图

图 5-28 中,与非门 74LS00 和 LM386 组成超声波发射电路,由 74LS00 构成多谐振荡器,通过调节 20 kΩ 的电位器可产生超声波发射的 40 kHz 信号,其中 U3A 为驱动器,电路振荡频率 $f \approx 1/2.2(RC)$,单片机的控制信号由 U2A 输入。为增大超声波的发射频率,该设计利用了单运放 LM386,发射距离可达 4 m。

4　超声波的接收电路

超声波接收电路如图 5 - 29 所示。接收头采用与发射头配对的超声波接收器 R,将超声波调制脉冲变为交变电压信号。为了进行信号的整形,在设计中 CMOS 电平的 6 非门器件 CD4069,可以减少电路的复杂程度,提高电路的带负载能力。整形后的信号由 C_1 耦合带有锁定环的音频译码集成块 LM567 的输入端 3 引脚,当输入信号的幅度落在其中心频率上时,LM567 的逻辑输出端 8 引脚由高电平跃变为低电平。

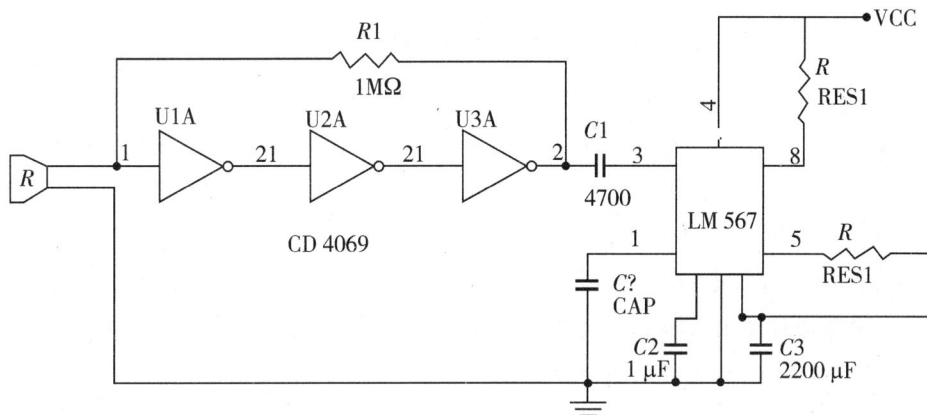

图 5 - 29　超声波的接收电路图

◆ **思考与练习**

1. 何谓电容式传感器? 一般变化哪几个量而构成传感器?

2. 以平板电容器为例,说明电容式传感器的基本工作原理。

3. 如图 5 - 8 所示,极板宽度 $b=4\ mm$,间隙 $d=0.5\ mm$,极板间介质为空气,试求其静态灵敏度。若动极板移动 $2\ mm$,求其电容变量。

4. 简述电容式传感器的优点。

5. 电容式传感器有哪几类测量电路? 各有什么特点?

6. 什么是超声波?

7. 简述超声波测液位的原理。了解超声波测厚度和流量的原理。

项目六　气体检测

◆学习目标

1. 了解气体传感器的分类及其检测的基本原理；

2. 认识气敏电阻的外形结构，理解其工作原理及特性；

3. 了解接触燃烧式气敏传感器；

4. 正确选择和使用气敏电阻及其报警装置；

5. 了解并认识酒精测试仪的设计方法。

◆项目描述

气体检测所用的传感器实际上是指能对气体进行定性或定量检测的气敏传感器。因为气敏材料与气体接触后会发生相互的化学或物理作用，导致其某些特性参数的改变，包括质量、电参数、光学参数等。气体传感器就是利用这些材料作为气敏元件，把被测气体种类、浓度、成分等信息的变化转化成传感器输出信号的变化，从而实现气体检测目的。但由于气体种类繁多，性质各不相同，不可能用一种传感器检测所有类别的气体，因此实现气电转换的传感器种类很多。按构成气体传感器气敏材料不同，气体传感器可分为半导体气体传感器、红外吸收式气敏传感器、接触燃烧式气敏传感器以及电化学传感器等。目前工业上常用气敏传感器的测量原理、优缺点及使用场合如表 6-1 所示。

表 6-1　常用气敏传感器的测量原理、优缺点及使用场合

类　别	外形图	测量原理	优缺点	使用场合
半导体气体传感器	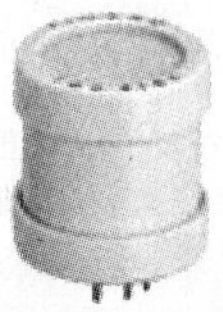	通过测定气体接触前后半导体电性质变化来检测气体浓度和种类	优点：成本低，反应快，灵敏度高，湿度影响小； 缺点：必须高温工作，对气体选择性差	这类传感器约占气体传感器的 60%，广泛用于液化石油气、酒精、空燃比控制、燃烧炉尾气等多种检测场合

（续表）

类 别	外形图	测量原理	优缺点	使用场合
红外气体传感器		利用气体不同浓度,不同种类,对于不同红外波长的吸收特性检测气体	优点:精度、选择性好,气敏度范围宽;缺点:价格偏高,使用和维护难度较大	一般用于钢铁、石化、化肥、机械、环境污染、医学生理研究等部门监测或检测场合
可燃式气体传感器		利用气体燃烧产生热量后电阻变化值来检测气体浓度和种类	优点:输出与浓度成正比,再现性好,受温湿度影响小;缺点:抗震性差,对于有毒气体反应差	一般用于石油化工、造船厂、矿山及隧道等场合,以检测石油类可燃烧性气体的存放情况和防止危险事故发生
电化学传感器		利用不同浓度气体产生对应电信号来检测特定气体的浓度	优点:灵敏度高,气体选择性好,在一定浓度可作分析仪器;缺点:价格较高,易受环境影响	主要用于相对封闭环境中有毒、有害气体的检测,比如矿井、居室、工作间等对 CO、H_2S 和甲醛等的监测和报警

任务 1　厨房可燃气体泄漏检测

扫一扫观看可燃气体
泄漏检测仪演示图片

◆任务背景

　　随着我国燃气的变革以及西气东输工程,煤气或天然气已成为多数家庭生活燃料。但每年煤气泄漏造成的煤气中毒事故中,因使用热水器不当或因产品本身质量问题,造成煤气中毒事故全国均有不少事例,更有甚者,因室内煤气浓度过高,引起煤气爆炸的事故也不少见。

　　图 6-1 所示为家用的厨房可燃气体泄漏检测仪器。当家用煤气或天然气因各种原因发生泄漏时,可以使用这种仪器来检测泄漏的煤气或天然气中可燃性气体甲烷,以防止遇到明火会发生燃烧甚至爆炸的危险。如果在煤气或天然气泄漏时打电话,或使用家用电器的话,煤气遇到电火花可能会发生爆炸事故。人

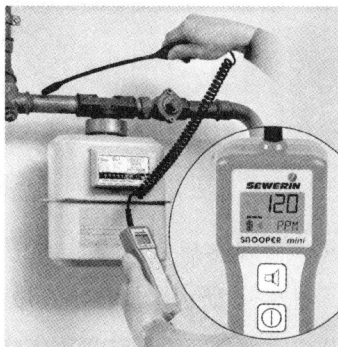

图 6-1　厨房可燃气体泄漏检测仪

待在煤气或天然气泄漏的空间内,甲烷的不完全燃烧生成一氧化碳,人体吸入有毒气体一氧化碳后,一氧化碳将会迅速与血液中的红细胞结合导致人体中毒昏迷,如果长时间吸入泄漏的煤气甚至会发生中毒死亡。目前,市场上流行的民用可燃气体报警器可为居民厨房可燃气体泄漏提供报警器。可燃气体报警器一般安装在靠近燃气管道的厨房里,当遇燃气泄漏时,报警器可发出声光报警或伴有数字显示,同时联动外部设备。如有的报警器可自动开启排风扇将燃气排出室外;有的报警器在报警时可自动关闭燃气阀门,以防燃气继续泄漏。

◆ 相关知识

1 气敏电阻的外形和结构

在现代社会的生产和生活中,人们往往会接触到各种各样的气体,需要对它们进行检测和控制。比如化工生产中气体成分的检测与控制、煤矿瓦斯浓度的检测与报警、环境污染情况的监测、煤气泄漏、火灾报警、燃烧情况的检测与控制等等。气敏电阻就是一种将检测到的气体成分和浓度转换为电信号的传感器。气敏电阻的主要成分是金属氧化物,主要有金属氧化物气敏电阻、复合氧化物气敏电阻、陶瓷气敏电阻等类型。

1) 常见气敏电阻器外形特征

图 6-2 所示为气敏电阻的实物图。其中图 6-2(a)为加热型气敏电阻器,它通常有 4 根引脚,其中 2 根是电极,另 2 根是加热丝引脚。图 6-2(b)为常温型气敏电阻器,由于它不需要加热丝,所以一般只有 2 根引脚。

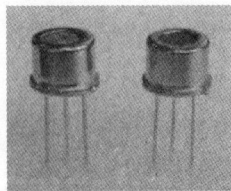

(a) 加热型气敏电阻器　　　　(b) 常温型气敏电阻器

图 6-2　气敏电阻器的实物图

2) 气敏电阻器结构

图 6-3 所示为加热型气敏电阻器的结构示意图。从图 6-3 中可以看出,该气敏电阻器主要由不锈钢丝防爆网罩、塑料管座、电极、封装玻璃、加热丝和氧化物半导体等部分组成。图 6-4 所示为气敏电阻器电路图形符号,在气敏电阻器电路图形符号中,字母 R 表示电阻,Q 表示其阻值与气体相关。

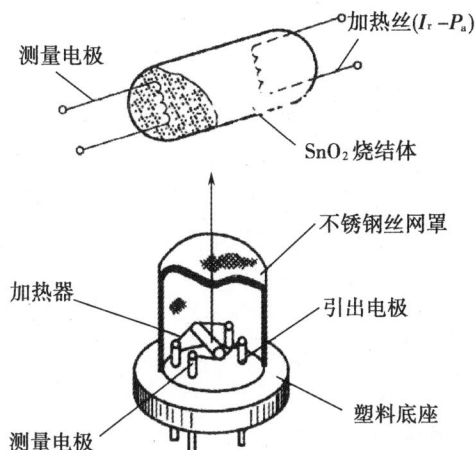

图 6‑3　加热型气敏电阻器结构示意图

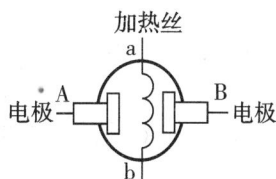

(a) 加热型气敏电阻器电路图形符号

(b) 常温型气敏电阻器电路图形符号

图 6‑4　气敏电阻器电路图形符号

2　气敏电阻的组成、工作原理及特性

1) 气敏电阻的组成

气敏电阻是一种半导体敏感器件，它是利用气体的吸附而使半导体本身的电导率发生变化这一机理来进行检测的。人们发现某些金属氧化物半导体材料如 SnO_2、ZnO、Fe_2O_3、MgO、NiO、$BaTiO_3$ 等都具有气敏效应，且这些金属氧化物半导体又可分为 N 型半导体(检测时阻值随气体浓度的增大而减小)和 P 型半导体(检测时阻值随气体浓度的增大而增大)，为了提高某种气敏电阻对某些气体成分的选择性和灵敏度，合成这些材料时，还可掺入催化剂，如钯(Pd)、铂(Pt)等。

通常半导体气敏电阻由气敏元件、加热器和封装体等 3 部分组成。从制造工艺上可分为烧结型、薄膜型和厚膜型 3 类。

（1）烧结型气敏器件

这类器件以 SnO_2 半导体材料为基体、将铂电极和加热丝埋入 SnO_2 材料中，经加温、加压，利用 700～900 ℃ 的制陶工艺烧结成形，其内部结构组成如图 6‑5 所示。

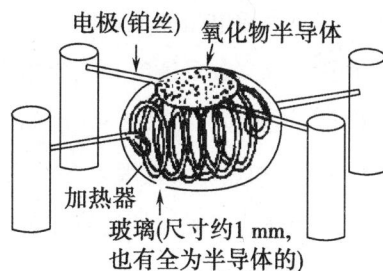

图 6‑5　烧结型元件

（2）薄膜型气敏器件

采用蒸发或溅射工艺，在石英基片上形成氧化物半导体薄膜(其厚度约在 100 nm 以下)，制作方法简单。实验证明，SnO_2 半导体薄膜的气敏特性最好，但这种半导体薄膜为物理性附着，器件间性能差异较大。其内部结构组成如图 6‑6 所示。

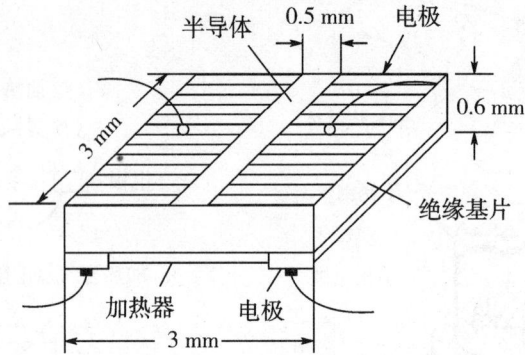

图 6－6　薄膜元件

（3）厚膜型气敏器件

这种器件是将 SnO_2 或 ZnO 等材料与 3％～15％（重量）的硅凝胶混合制成能印刷的厚膜胶，把厚膜胶用丝网印刷到装有铂电极的氧化铝（Al_2O_3）或氧化硅（SiO_2）等绝缘基片上，再经 400～800 ℃温度烧结 1 h 制成。由于这种工艺制成的元件离散性小、机械强度高，适合大批量生产，其内部结构组成如图 6－7 所示。

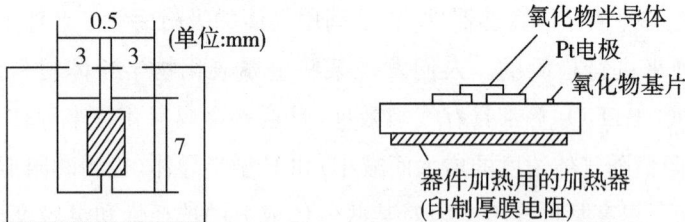

图 6－7　厚膜元件

其次，气敏电阻的加热器可以将附着在敏感元件表面上的尘埃、油雾等烧掉，加速气体的吸附，提高其灵敏度和响应速度。加热器的温度一般控制在 200～400 ℃。加热方式一般有直热和旁热式 2 种，因而形成了直热式气敏元件和旁热式气敏元件。直热式气敏元件是将加热丝直接埋入 SnO_2 或 ZnO 粉末中烧结而成，因此，直热式常用于烧结型气敏结构，旁热式气敏元件是将加热丝和敏感元件同置于一个陶瓷管内，管外涂梳状金电极作为测量极，在电极外再涂上 SnO_2 等材料。

2）气敏电阻的工作原理及特性

（1）气敏电阻的工作原理

金属氧化物在常温下表现为绝缘体的特性，但制成半导体后显示出机理比较复杂的气敏特性。具有气敏特性的金属氧化物元件接触气体时，由于吸附气体的表面发生氧化和还原反应导致它的电导率发生明显变化。当然，对气体吸附现象可分为物理吸附和化学吸附,一般常温下主要表现为物理吸附,即气体只与气敏材料表面上的分子吸附,不发生电子交换作用,不形成化学键。但当气敏电阻的温度升高时,则化学吸附作用会增加,且在某一特定温度时达到最大值,即被吸附的气体分子首先在其表面自由扩散至失去运动能量,其中一部分会被蒸发掉,另一部分残留的分子会产生热分解而吸附在吸附处。当半导体的逸出功(把一个电子从固体内部刚刚移到此物体表面所需的最少的能量)小于吸附分子的亲和力,则吸附分子将从器件中夺得电子而变成负离子吸附,半导体表面呈现电荷层。像这样具有负离子吸附倾向的气体被称为氧化型气体(如氧气等)。相反,如果半导体的逸出功小于吸附分子的离解能(在标准状况下将 1 mol 理想气体分子 AB 拆开为中性气态原子 A 和 B 时所需的能量为 AB 的离解能),吸附分子将向器件释放出电子,而形成正离子吸附。像这样具有正离子吸附倾向的气体被称为还原型气体(如 H_2、CO、碳氢化合物和醇类等)。

当氧化型气体吸附到 N 型半导体,还原型气体吸附到 P 型半导体上时,将使半导体的载流子减少,而使半导体电阻值增大;当还原型气体吸附到 N 型半导体上,氧化型气体吸附到 P 型半导体上时,则载流子增多,将使半导体电阻值下降。其中,N 型材料有 SnO_2、ZnO、TiO 等,P 型材料有 MoO_2、CrO_3 等。

(2)气敏电阻的基本特性

由于空气中的含氧量大体上是恒定的,因此氧化的吸附量也是恒定的,器件阻值也相对固定。若气体浓度发生变化,其阻值也将变化。根据这一特性,可以从阻值的变化得知吸附气体的种类和浓度,且半导体气敏器件的响应时间一般不超过 1 min,气敏电阻 SnO_2 的阻值与吸附气体的关系如图 6-8 所示。目前实际中使用最多的是 SnO_2(氧化锡)系气敏电阻和 ZnO(氧化锌)系气敏电阻,其中,烧结型、薄膜型和厚膜型 SnO_2 气敏电阻对气体的灵敏度特性如图 6-9 所示。气敏元件的阻值 R_c 与空气中被测气体的浓度 C 成对数关系:

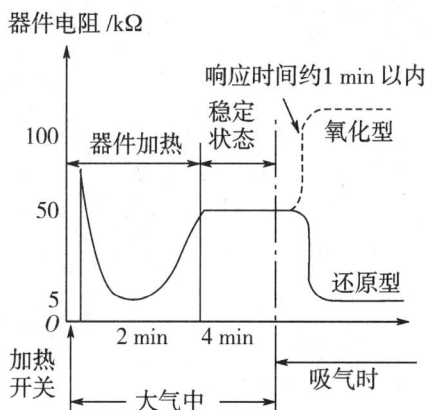

图 6-8 SnO_2 气敏元件电阻与吸附气体关系

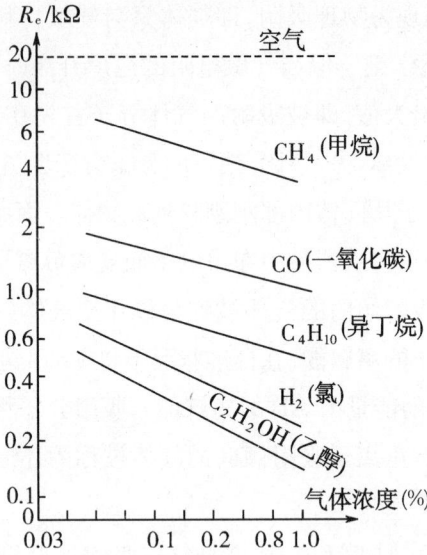

图 6 - 9 SnO$_2$ 气敏电阻对气体的灵敏度特性

$$\log R_C = m \log C + n \quad (m, n \text{ 均为常数}) \tag{6-1}$$

式中，m 表示随气体浓度变化的传感器的灵敏度（也称为气体分离率），对于可燃性气体来说，m 值多数介于 1/2～1/3 之间，n 与氧体灵敏度有关。

ZnO 系气敏电阻对还原性气体有较高的灵敏度。它的工作温度比 SnO$_2$ 系气敏元件约高 100 ℃，因此它不及 SnO$_2$ 系电阻应用普遍。同样如此，要提高 ZnO 系元件对气体的选择性，也需要添加 Pt 和 Pd 等添加剂。ZnO 气敏电阻对气体的灵敏度特性如图 6 - 10 所示。

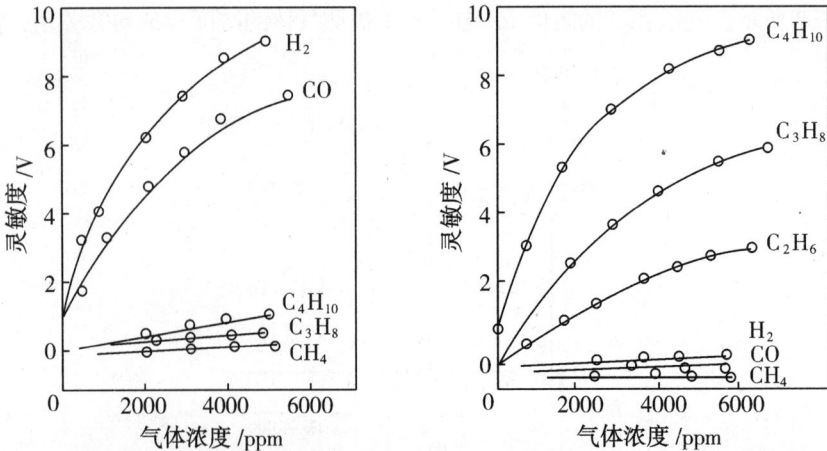

（a）ZnO 添加 Pd 的灵敏度特性　　　（b）ZnO 添加 Pt 的灵敏度特性

图 6 - 10 ZnO 气敏电阻对气体的灵敏度特性

（3）气敏电阻的特性参数

① 气敏电阻元件的电阻值

将气敏电阻元件在常温下洁净空气中的电阻值，称为气敏电阻的固有电阻值，表示为 R_a。一般其固有电阻值在 $10^3 \sim 10^5$ Ω 范围内。测定固有电阻值 R_a 时，要求必须在洁净空气环境中进行。由于经济地理环境的差异，各地区空气中含有的气体成分差别较大，即使对于同一气敏电阻元件，在温度相同的条件下，在不同地区进行测定，其固有电阻值也都将出现差别。因此，必须在洁净的空气环境中进行测量。

② 气敏电阻元件的灵敏度

气敏电阻元件的灵敏度是表征气敏电阻元件对于被测气体的敏感程度的指标。它表示气体敏感电阻元件的电参量（如电阻型气敏元件的电阻值）与被测气体浓度之间的依从关系。表示方法有 3 种：

（a）电阻比灵敏度 K

$$K = \frac{R_a}{R_g} \tag{6-2}$$

式中，R_a 为气敏元件在洁净空气中的电阻值；R_g 为气敏元件在规定浓度的被测气体中的电阻值。

（b）气体分离度 α

$$\alpha = \frac{R_{C1}}{R_{C2}} \tag{6-3}$$

式中，R_{C1} 为气敏元件在浓度为 C_1 的被测气体中的阻值；R_{C2} 为气敏元件在浓度为 C_2 的被测气体中的阻值，通常，$C_1 > C_2$。

（c）输出电压比灵敏度 K_V

$$K_V = \frac{V_a}{V_g} \tag{6-4}$$

式中，V_a 为气敏元件在洁净空气中工作时，负载电阻上的电压输出；V_g 为气敏元件在规定浓度被测气体中工作时，负载电阻的电压输出。

③ 气敏电阻元件的分辨率

气敏电阻元件的分辨率表示气敏电阻元件对被测气体的识别（选择）以及对干扰气体的抑制能力。气敏元件分辨率 S 表示为

$$S = \frac{\Delta V_g}{\Delta V_{gi}} = \frac{V_g - V_a}{V_{gi} - V_a} \tag{6-5}$$

式中，V_a 为气敏电阻元件在洁净空气中工作时，负载电阻上的输出电压；V_g 为气敏电阻元件在规定浓度被测气体中工作时，负载电阻上的电压；V_{gi} 为气敏电阻元件在 i 种气体浓

度为规定值中工作时,负载电阻的电压。

④ 气敏电阻元件的响应时间

气敏电阻元件的响应时间表示在工作温度下,气敏电阻元件对被测气体的响应速度。一般从气敏电阻元件与一定浓度的被测气体接触时开始计时,直到气敏元件的阻值达到在此浓度下的稳定电阻值的 63％时为止,所需时间称为气敏元件在此浓度下的被测气体中的响应时间,通常用符号 t_r 表示。

⑤ 气敏电阻元件的加热电阻和加热功率

气敏电阻元件一般工作在 200 ℃以上高温。为气敏电阻元件提供必要工作温度的加热电路的电阻(指加热器的电阻值)称为加热电阻,用 R_H 表示。直热式的加热电阻值一般小于 5 Ω,旁热式的加热电阻大于 20 Ω。气敏电阻元件正常工作所需的加热电路功率,称为加热功率,用 pH 表示。一般在 0.5～2.0 W 范围内。

⑥ 气敏电阻元件的恢复时间

气敏电阻元件的恢复时间表示在工作温度下,被测气体由该元件解吸的速度,一般从气敏电阻元件脱离被测气体时开始计时,直到其阻值恢复到在洁净空气中阻值的 63％时所需时间。

⑦ 初期稳定时间

长期在非工作状态下存放的气敏电阻元件,因表面吸附空气中的水分或者其他气体,导致其表面状态的变化,在加上负电荷后,随着元件温度的升高,发生解吸现象。因此,使气敏电阻元件恢复正常工作状态需要一定的时间,则称为气敏电阻元件的初期稳定时间。一般电阻型气敏元件,在刚通电的瞬间其电阻值将下降,然后再上升,最后达到稳定。由开始通电直到气敏元件阻值到达稳定所需时间,称为初期稳定时间。初期稳定时间是敏感元件存放时间和环境状态的函数。存放时间越长,其初期稳定时间也越长。在一般条件下,气敏电阻元件存放两周后,其初期稳定时间即可达最大值。

3 接触燃烧式气敏传感器

根据危害性质,将有毒、有害气体分为可燃气体和有毒气体两大类。由于它们性质和危害不同,其检测手段也有所不同。可燃气体是石油化工等工业场合遇到最多的危险气体,它主要是烷烃等有机气体和某些无机气体。可燃气体的常识包括爆炸三要素和爆炸浓度极限。其中爆炸三要素是指可燃气体发生爆炸必须具备的条件,即一定浓度的可燃气体、一定量的氧气和足够热量点燃它们的火源,且这三个条件缺一不可,也就是说,缺少其中任何一个条件都不会引起火灾和爆炸。这三者的关系如图 6‐11 所示。当可燃气体(蒸气、粉尘)和氧气混合并达到一定浓度时,遇具有一定温度的火源就会发生爆炸。将可燃气体遇火源发生爆炸的浓度称为爆炸浓度极限,简称爆炸极限,一般用％表示。简而言之,要发生爆炸就必须有足够的可燃气体或蒸气存在,但过多的可燃气体又会使氧气被取代而无法支持燃烧。因此,若想发生燃烧,则对气体浓度的上限和下限都有所要求,这些限制被称为爆炸下限(LEL,Lower Explosive Limit)和爆炸上限(UEL,Upper Explosive Limit)。实际上,这种混合物也不是在任何混合比例上都会发生爆炸,而是要有一个浓度范围,如图 6-12 所示的阴影部分,当可燃气体浓度低于LEL 时(可燃气体浓度不足)和其浓度高于 UEL 时(氧气不足)都不会发生爆炸。

图 6-11　爆炸三要素

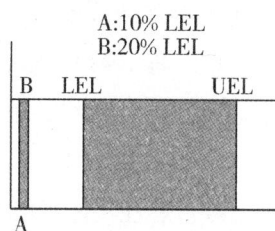

图 6-12　LEL、UEL 和警报浓度

1) 接触燃烧式气敏元件的结构

为了使接触燃烧式气敏元件的线圈具有合适的阻值(一般为 1~2 Ω),通常用高纯的铂丝绕制而成,接触燃烧式气敏元件的结构如图 6-13 所示。在线圈外面涂上氧化铝或者氧化铝-氧化硅组成的膏状涂覆层,干燥后在一定温度下烧结成球状多孔体。将烧结后的小球放在贵金属铂、钯等的盐溶液中充分浸渍后取出烘干,然后经过高温热处理,使其在氧化铝(或者氧化铝-氧化硅)载体上形成贵金属触媒层,最后组装成气体敏感元件。除此之外,也可以将贵金属触媒粉体与氧化铝、氧化硅等载体充分混合后配成膏状涂覆在铂丝绕成的线圈上,直接烧成后备用。另外,作为补偿元件的铂线圈,其尺寸、阻值均应与检测元件相同,并且也应涂覆氧化铝或者氧化硅载体层,只是无须浸渍贵金属盐溶液或者混入贵金属触媒粉体形成触媒层而已。

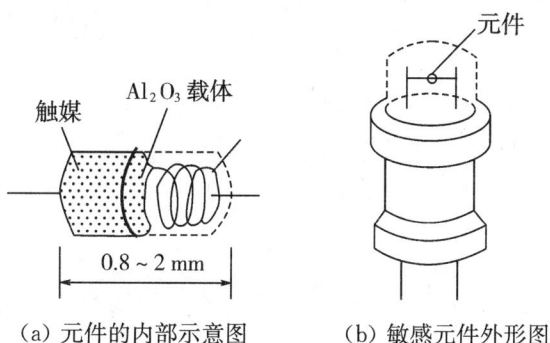

(a) 元件的内部示意图　　　　(b) 敏感元件外形图

图 6-13　接触燃烧式气敏元件结构示意图

2）可燃性气体检测原理

可燃性气体检测原理电路是一个双路电桥（一般称为惠斯通电桥）检测单元电路，其电路图如图 6 - 14 所示。电路中的铂金丝电桥涂有催化燃烧物质，即不论何种易燃气体，只要能够被电极引燃，铂金丝电桥的电阻就会由于温度变化发生改变，这种电阻变化同可燃气体的浓度成一定比例，通过仪表的电路系统和微处理器计算和显示出可燃气体的浓度。

可燃性气体（H_2、CO、CH_4 等）与空气中的氧气接触，发生氧化反应，产生反应热（无焰接触燃烧热），使

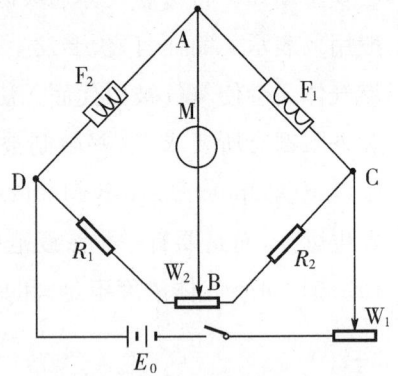

图 6 - 14　可燃性气体检测原理图

得作为敏感材料的铂丝温度升高，电阻值相应增大。一般情况下，空气中可燃性气体的浓度都不太高（低于 10％），可燃性气体可以完全燃烧，其发热量与可燃性气体的浓度有关。空气中可燃性气体浓度愈大，氧化反应（燃烧）产生的反应热量（燃烧热）愈多，铂丝的温度变化（增高）愈大，其电阻值增加的就越多。因此，只要测定作为敏感件的铂丝的电阻变化值（ΔR），就可检测空气中可燃性气体的浓度。但是使用单纯的铂丝线圈作为检测元件，其寿命较短，所以，实际应用的检测元件都是在铂丝圈外面涂覆一层氧化物触媒。这样既可以延长其使用寿命，又可以提高检测元件的响应特性。

在接触燃烧式气体敏感元件的桥式电路图（图 6 - 14）中 F1 是检测元件，F2 是补偿元件，其作用是补偿可燃性气体接触燃烧以外的环境温度，电源电压变化等因素所引起的偏差。工作时，要求在 F1 和 F2 上保持 $100\sim200$ mA 的电流通过，以供可燃性气体在检测元件 F1 上发生氧化反应（接触燃烧）所需要的热量。当检测元件 F1 与可燃性气体接触时，由于剧烈的氧化作用（燃烧），释放出热量，使得检测元件的温度上升，电阻值相应增大，桥式电路不再平衡，在 A、B 间产生电位差 E。

$$E = E_0\left[\frac{(R_{F_1} + \Delta R_F)}{(R_{F_1} + R_{F_2} + \Delta R_F)} - \left(\frac{R_1}{R_1 + R_2}\right)\right] \tag{6-6}$$

因为 ΔR_F 很小，且 $R_{F_1}R_1 = R_{F_2}R_2$，则

$$E = E_0\left[\frac{R_1}{(R_1 + R_2)(R_{F_1} + R_{F_2})}\right]\left[\frac{R_{F_2}}{R_{F_1}}\right]\Delta R_F \tag{6-7}$$

如果令 $k = E_0 R_1/(R_1 + R_2)(R_{F_1} + R_{F_2})$，则有 $E = k\left[\dfrac{R_{F_2}}{R_{F_1}}\right]\Delta R_F$。这样，在检测元件 F1 和补偿元件 F2 的电阻比 R_{F2}/R_{F1} 接近于 1 的范围内，A，B 两点间的电位差 E 近似地与 ΔR_F 成比例。在此，ΔR_F 是由于可燃性气体接触燃烧所产生的温度变化（燃烧热）引起的，

并与接触燃烧热（可燃性气体氧化反应热）成比例的。即 ΔR_F 可表示为：

$$\Delta R_F = \rho\Delta T = \rho\frac{\Delta H}{C} = \rho\alpha m\frac{Q}{C} \qquad (6-8)$$

式中，ρ 为检测元件的电阻温度系数；ΔT 为由于可燃性气体接触燃烧所引起的检测元件的温度增加值；ΔH 为可燃性气体接触燃烧的发热量；C 为检测元件的热容量；Q 为可燃性气体的燃烧热；m 为可燃性气体的浓度[％(Vol)]；α 为由检测元件上涂覆的催化剂决定的常数。

式(6-8)中，ρ，C 和 α 的数值与检测元件的材料、形状、结构、表面处理方法等因素有关，而 Q 是由可燃性气体的种类决定。因而，在一定条件下，都是确定的常数。则

$$E = kmb \qquad (6-9)$$

式中，$b = \rho \cdot \alpha\frac{Q}{c}$。

由式(6-9)可看出 A、B 两点间的电位差与可燃性气体的浓度 m 成比例。如果在 A、B 两点间连接电流计或电压计，就可以测得 A、B 间的电位差 E，并由此求得空气中可燃性气体的浓度。若与相应的电路配合，就能在空气中当可燃性气体达到一定浓度时，自动发出报警信号，其感应特性曲线如图 6-15 所示。

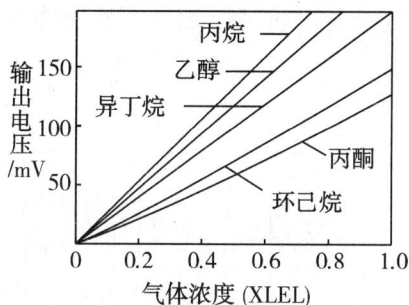

图 6-15　接触燃烧式气敏元件的感应特性

4　正确使用气敏传感器和报警器

使用气敏传感器时，要根据测量对象和测量环境确定传感器的类型，例如要进行一个具体的测量工作，首先要考虑采用何种原理的传感器，这需要分析多方面的因素后才能确定。因为即使是测量同一物理量，也有多种原理的传感器可供选用，选用哪一种原理的传感器更为合适，则需要根据被测量的特点和传感器的使用条件考虑以下一些具体问题：量程的大小；被测位置对传感器体积的要求；测量方式为接触式还是非接触式；信号的引出

方法,有线或是非接触测量;传感器的来源,国产还是进口,价格能否承受,还是自行研制。在考虑上述问题后才能确定选用何种类型的传感器,然后再考虑传感器的具体性能指标。

气敏半导体元件的灵敏度较高,在被测气体浓度较低时有较大的电阻变化,而当被测气体的浓度较大时,其电阻率的变化反而逐渐趋缓,即具有较大的非线性。但这种特性的气敏半导体元件又非常适用于气体的微量检漏、浓度检测或超限报警等场合。控制好烧结体的化学成分及加热温度,可以改变气敏半导体元件对不同气体的选择性,可以制成煤气报警器,对居室或地下数米深处的管道漏点进行检测;还可以制成酒精检测仪,以防止酒后驾车。因此,气敏传感器广泛应用于石油、化工、电力、家居等各种领域。下面以自动排风扇控制报警器为例来说明气敏半导体元件的应用情况。

自动排风扇控制报警器的电路原理图如图 6-16 所示。传感器的加热电压直接由变压器次级(6 V)经 R_{12} 降压提供,而电路的直流工作电压则由全波整流后,经 C_1 滤波及 R_1、VZ_5 稳压后提供。传感器负载电阻由 R_2 和 R_3 组成(更换 R_3 大小,可调节控制信号与待测气体的浓度的关系)。R_4、VD_6、C_2 及 IC_1 组成开机延时电路,调整使其延时为 60 s 左右(防止初始稳定状态误动作)。当达到报警浓度时,IC_1 的 2 引脚为高电平,使 IC_4 输出高电平,此信号使 VT_2 导通,继电器吸合(起动排气扇),组成排气扇延迟电路,使 IC_4 出现低电平后 10 s 才使 J 释放。另外,IC_4 输出高电平使 IC_2 和 IC_3 组成的压控振荡器起振,其输出使 VT_1 导通或截止交替出现,则 LED(红色)产生闪光报警信号。LED(绿色)为工作指示灯。

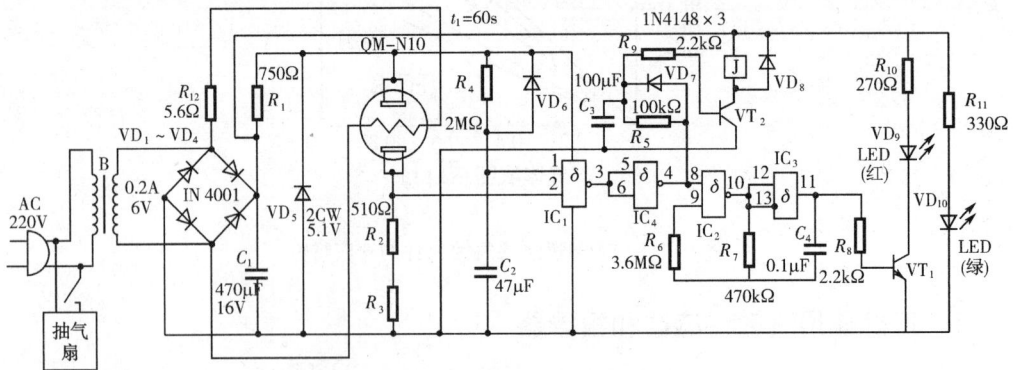

图 6-16　自动排风扇控制报警器

◆ 拓展知识

扫一扫观看酒精
测试仪演示图片

酒精测试仪的设计

随着我国经济的高速发展,人民的生活水平迅速提高,因饮酒而造成的一系列社会问题(例如酒后驾驶造成的交通意外)越来越突出。资料显示,我国近几年发生的重大交通事故中,有将近三分之一是由酒后驾车引起的。当酒精在人体血液内达到一定浓度时,将麻痹神经,产生大脑反应迟缓,肢体不受控制等症状,同时,人对外界的反应能力和控制能力都会下降,处理紧急情况的能力也随之下降。对于酒后驾车者而言,其血液中酒精含量越高,发生撞车的概率就越大。而根据世界卫组织的事故调查,约 $50\%\sim69\%$ 的交通事故与酒后驾驶有关,酒后驾驶已经被列为车祸致死的主要原因。每年由于酒后驾车引发的交通事故达数万起,其危害触目惊心,已成为交通事故的第一大"杀手"。

为了实现对人权的尊重,对生命的关爱,使更多人的生命权、健康权及幸福美满的家庭能得到更好的保护,需要设计一款智能仪器,能够检测驾驶员体内酒精含量。目前全世界绝大多数国家都采用呼气酒精测试仪对驾驶人员进行现场检测,以确定被测量者体内酒精含量的多少,确保驾驶员的生命财产安全,图 6-17 所示为呼气酒精测试仪及检测现场图。

| (a) 呼气酒精测试仪 | (b) 检测现场 |

图 6-17　呼气酒精测试仪及检测现场

1　气敏传感器类型的选择

为检查醉驾,警察常使用一种便携式的酒精呼吸检测仪,通过检测驾驶者呼出的气体来判断驾驶者是否饮酒。而目前使用的酒精呼吸检测仪只能初步显示驾驶员是否饮酒,有醉驾嫌疑的驾驶员还需要接受血检,以确定其体内酒精含量是否超标。为简化其流程,英国内政部已推出一种超级酒精呼吸检测仪,该酒精测试仪能根据体温、呼吸频率等情况,当场判断出驾驶者体内的酒精含量。由此可见,高精度,高可靠性与微型化是酒精浓度检测仪的主要发展方向。

目前,对气体中酒精含量进行检测的设备有燃料电池型(电化学)、半导体型、红外线型、气体色谱分析型和比色型5种类型。基于价格和使用方便的问题,目前常用的有燃料电池型(电化学型)和半导体型2种,其中,燃料电池是当前广泛研究的环保型能源,能直接把可燃气体转变成电能,而不产生污染。酒精传感器只是燃料电池的一个分支,燃料电池酒精传感器采用贵金属白金作为电极,在燃烧室内充满特种催化剂,使进入燃烧室内的酒精充分燃烧转变为电能,也就是在两个电极上产生电压,电能消耗在外接负载上,此电压与进入燃烧室内气体的酒精浓度成正比。与半导体型相比,燃料电池型呼气酒精测试仪具有稳定性好、精度高、抗干扰性好的优点。由于燃料电池酒精传感器的结构要求非常精密,制造难度相当大,目前只有美国、英国、德国等少数几个国家能够生产,加上材料成本高,因此价格相当昂贵,是半导体酒精传感器的几十倍。

图 6-18   MQ-3 型气敏传感器

基于上述原因,故选择敏感部分由二氧化锡(SnO_2)的 N 型半导体微晶烧结层构成的 MQ-3 型酒精气敏传感器,其外形如图 6-18 所示。当其表面吸附有被测气体酒精分子时,表面导电电子比例就会发生变化,从而其表面电阻会随着被测气体的浓度的变化而变化。MQ-3 型气敏传感器灵敏度高,响应速度快,可以抵抗汽油、烟雾、水蒸气的干扰。这种酒精传感器还可检测多种浓度酒精气氛且能可逆重复使用,是一款适合多种应用的低成本传感器。

2   酒精测试仪的设计

以 AT89S51 单片机为核心,设计一款用于测量酒精浓度的测试仪,其设计方案如图 6-19 所示。

该酒精测试仪的整体结构方案的信号采集模块实现酒精浓度信号的采集,即当 MQ-3 酒精气体传感器遇到酒精气体后,阻值发生变化,所对应的检测电路的电压也发生相应的变化。变化的电压值一路输出至 LM3914 型运算放大

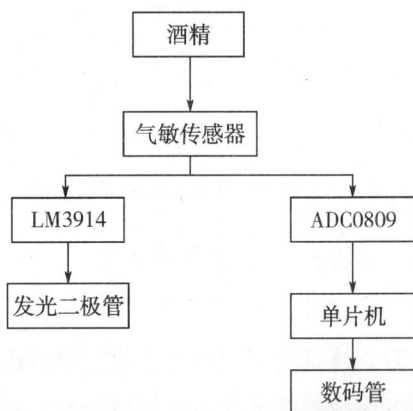

图 6-19   酒精测试仪的整体结构方案图

比较器,驱动相应的发光二极管发光,显示其酒精浓度的高低,另一路信号经 ADC0809 型模数转换模块把采集到的模拟电压信号转换为 AT89S51 单片机所能处理的数字信号。经 AT89S51 单片机所能处理后的数字信号通过数码管显示模块显示酒精的浓度。同时,该酒精测试仪还可增加报警模块,即通过设定值提供报警功能。

1) 硬件电路的设计(只介绍信号采集电路)

(1) 酒精气体传感器的检测

对酒精气体传感器 MQ-3 进行检测,即连接一定阻值的负载电阻,检测其技术参数,确定 MQ-3 所接负载电阻大小,完成信号采样电路的设计。检测电路如图 6-20 所示,当电源开关 S 断开时,传感器加热电流为零,实测 A、B 之间电阻大于 20 MΩ。S 接通,则 f 与 f′之间电流由开始时的 155 mA 降至 153 mA,并稳定。加热开始几秒钟后 A、B 之间的电阻迅速下降至 10 kΩ 以下,然后又逐渐上升至 120 kΩ 以上后并保持。此时如果将酒精溶液样品靠近 MQ-3 传感器,立即可以看到数字万用表显示值由原来大于 120 kΩ 降至 10 kΩ 以下。移开酒精溶液样品后 1 min 后,A、B 之间电阻恢复至大于 120 kΩ。这种反应可以重复试验,但要注意使空气恢复到洁净状态。经实验的反复检测,MQ-3 传感器可以正常工作使用,对不同浓度的酒精溶液有不同的变化,响应时间和恢复时间都正常,可以开始作为信号采样模块电路的设计。

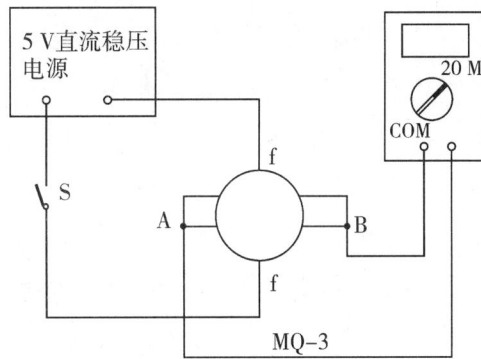

图 6-20　MQ-3 检测电路

(2) 信号采集电路的设计

设计的信号采集电路如图 6-21 所示,它具有信号输出指示(LED 指示功能),还具有双路信号输出(模拟量输出和 TTL 电平输出),TTL 输出有效信号为低电平,当输出低电平时信号灯亮,可直接接单片机,模拟量输出 0~5 V 电压,浓度越高电压越高。

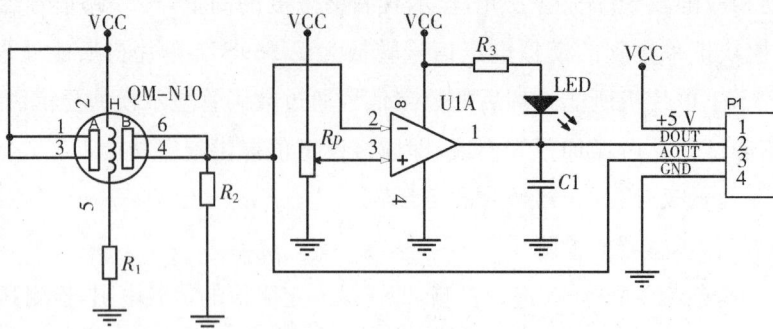

图 6－21　信号采集电路

采样到的模拟电压电信号通过 A/D 转换器转换得到可供单片机处理的数字信号,再由单片机做相应的数据处理,发光二极管报警显示和 3 个单位 8 段共阴数码管浓度值显示。

2) 软件设计

转换标准的确定是软件设计的主要工作。因为原始的采样值是一个间接的负载分压值,需要将其转换为被测酒精浓度值。通过多个样品的测量确定多个浓度区间的转换标准,并将每个区间的转换关系近似线性化处理,然后通过软件编程的方法来实现。

3) 减少测量误差

为了尽量减少设计的气体传感器的测量误差,在测量酒精溶液样品时要考虑并解决以下 3 个主要问题:① 外界环境流动空气对传感器的影响和对气体样品的稀释;② 样品的稳定性对测量带来的误差;③ 水蒸气对测量的影响。针对这 3 个主要问题提出以下解决方案和验证方法。测量样品时,将探头尽量放入塑料瓶内,可以在一定程度上消除流动空气的影响,同时应选择空气流动较小的室内环境来测量。水蒸气对 MQ－3 的影响很小,这一点可以通过对只装有纯净水的塑料瓶的多次测量来验证。用相同容量的塑料瓶配制好不同浓度的酒精溶液后,将它密封并放置一段时间,待其稳定后再测量,再通过反复多次测量多组数据,求其平均值的方法来缩小测量误差。

◆思考与练习

1. 简述常用气敏传感器的测量原理、优缺点及使用场合。

2. 简述气敏电阻的组成、工作原理及特性。

3. 为什么气敏电阻需要加热使用?

4. 图 6－22 所示为可燃气体报警器电路图,(1) 试分析其工作原理?(2) 加热回路由哪些元件组成?(3) 在正常气体环境时,应调节 R_P 使三极管 T 处于什么状态?

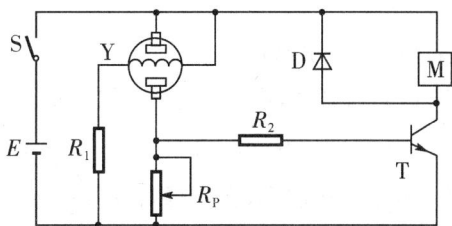

图 6 - 22　可燃气体报警器电路图

5. 图 6 - 23 为自动吸排油烟机原理框图,请分析填空。

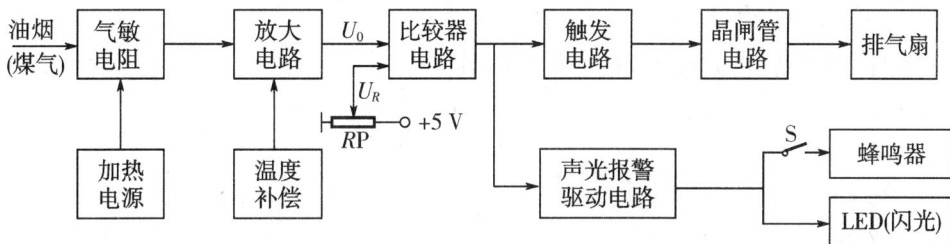

图 6 - 23　自动吸排油烟机电路原理框图

(1) 图中的气敏电阻是_____类型,被测气体浓度越高,其阻值就越_____。

(2) 气敏电阻必须使用加热电源的原因是_____,通常须将气敏电阻加热到_____℃左右。因此使用电池为电源、作为长期监测仪表使用时,电池的消耗较_____(大/小)。

(3) 当气温升高后,气敏电阻的灵敏度将_____(升高/降低),所以必须设置温度补偿电路,使电路的输出不随气温变化而变化。

(4) 比较器的参考电压 U_R 越小,检测装置的灵敏度就越_____。若希望灵敏度不要太高,可将 R_P 往_____(左/右)调节。

(5) 该自动吸排油烟机使用无触点的晶闸管而不用继电器来控制排气扇的原因是防止_____。

(6) 由于即使在开启排气扇后气敏电阻的阻值也不能立即恢复正常,所以在声光报警电路中,还应串接一只控制开关,以消除_____(蜂鸣器/LED)继续烦人的报警。

6. 酒后驾车易出事故,但判定驾驶员是否喝酒过量带有较大的主观因素。请利用所学过的知识,设计一台便携式、交通警使用的酒后驾车测试仪。

总体思路:让被怀疑酒后驾车的驾驶员对准探头(内部装有多种传感器)呼三口气,用一排发光二极管指示呼气量的大小(呼气量越大,点亮的 LED 越多)。当呼气量达到允许值之后,"呼气确认"LED 亮,酒精蒸气含量数码管指示出三次呼气的酒精含量的平均百分比。如果呼气量不够,则提示重新呼气,当酒精含量超标时,LED 闪亮,蜂鸣器发出

"嘀……嘀……"声。

根据以上设计思路,请按以下要求操作:

(1) 画出构思中的便携式酒后驾车测试仪的外形图,包括一根带电缆的探头以及主机盒。在主机盒的面板上必须画出电源开关、呼气指示 LED 若干个、呼气次数指示 LED 3 个、酒精蒸气含量数字显示器、报警 LED、报警蜂鸣器发声孔等。

(2) 画出测量呼气流量的传感器简图。

(3) 画出测量酒精蒸气含量的传感器简图。

(4) 画出测试仪的电原理框图。

(5) 简要说明几个环节之间的信号流程。

(6) 写出该酒后驾车测试仪的使用说明书。

项目七 传感器在现代检测系统中的应用

◆学习目标

1. 了解现代检测系统及其基本结构体系；
2. 了解传感器在汽车、机器人等检测系统中的应用。

◆项目描述

随着近代科学的飞速发展，人类生活水准亦加速提升，因此无论在工业领域，还是日常生活中皆快速迈向高效、高质的自动化，达到自动化首要条件则在于嗅觉、触觉、听觉等的取代，传感器便在此要求下应运而生。凡是与自动化有关的产品都必然和传感器发生密切的关系。在前面的内容中，已经介绍了许多类型的传感器，然而传感器的实际应用并不一定是将一种传感器组成一个简单的仪表来进行测量，而是需要多种传感器组合而成，这就是现代检测系统的主要特点。由此可以知道现代检测技术是指采用先进的传感、信息处理、建模与推理等技术实现用常规仪表、方法与手段无法直接获取的对待测参数的检测。这种现代检测技术具有如下特点：

（1）从待测参数的性质来看，现代检测技术主要用于不常见的参数测量，对于这些参数的测量目前还没有合适的传感器，难以实现常规意义的"一一对应"的测量，即需要多种传感器的配合使用。此外，已有对应的传感器却存在误差或受各种因素影响较大等原因，不能满足测量要求。

（2）从应用领域来看，现代检测技术主要用于复杂对象、复杂过程的影响性能质量等方面的综合性参数的测量，如汽车中的温度、流量等方面的测量，机器人的运动协调性测量，小区中电梯运行的管理监控等等。这样的被测对象或测量要求很难用一种传感器完成，而需要多种传感器的共同协作。

（3）从使用的技术或方法来看，现代检测技术主要利用新型的、智能型传感器，或更多的利用软技术。即通过对传感器输出的信号进行处理得到特征量，或通过建立传感器的输出与待测量之间的模型,或通过应用专家知识、数据库、规则等进行推理,并根据被测量的信息获取待测量。

由现代检测技术的特点可以看出,传感器技术已经不再只是测量检测技术中的一部分。国外已提出了传感器工程学的概念,并受到广泛关注和重视。而传感器在现代检测技术中的应用不断完善成熟,现代检测技术则采用先进的传感技术、现代信息处理技术、软测量技术、数据融合技术以及基于专家系统的检测技术等,在现代科技中占据着重要位置。

任务 1　现代检测系统的基本结构

◆任务背景

在一个现代化的火力发电厂中,可以看到多台计算机正在快速地测量锅炉、汽轮机、发电机上多个重要部位的温度、压力、流量、转速、振动、位移、应力、燃烧状况等热工、机械参数,同时还要兼顾监测发电机的电压、电流、功率、功率因数以及各种辅机的运行状态,然后将这些重要的参数进行数字化显示和记录等综合处理,并根据程序自动调整运行工况,对某些超限参数进行声光报警或采取紧急措施。在这个系统中,传感器的应用约有数百个种类,它们将各种不同的机械、热工量转换成电量,供计算机采样。

而在日常生活中常用的家用电器,冰箱、热水器、洗衣机、空调等等,这些电器的功能越来越先进,使用越来越方便,这样的变化源自于它们所具有的传感器的多样化,这些传感器已不是简单地监测某一方面的参数变化。多种传感器组成的监测感应系统,与计算机、控制电路及机械传动部件组成一个综合系统,用于达到某种设定的目标,而这种综合系统被称之为检测控制系统。

这里将介绍现代检测系统的基本结构,以及如何组成一个测控系统。

◆相关知识

1946 年世界上第一台电子计算机问世,20 世纪 70 年代微处理器问世,自此在微计算机技术快速发展的影响下,单纯依靠硬件设备完成检测的传统检测技术呈现出了新的活力并取得了迅速地进步,从而形成了具有大规模集成电路技术、软件及网络技术等强有力的技术手段的现代检测系统。现代检测系统的可分为三种基本结构体系,即智能仪器、个人仪器与自动测试系统。

1　现代检测系统的三种基本结构

1）智能仪器（Smart Instruments）

智能仪器是指内置有微机或微处理器，并具有控制、存储、运算、逻辑判断及自动操作的智能性能的检测系统，其硬件结构图如图 7-1 所示。

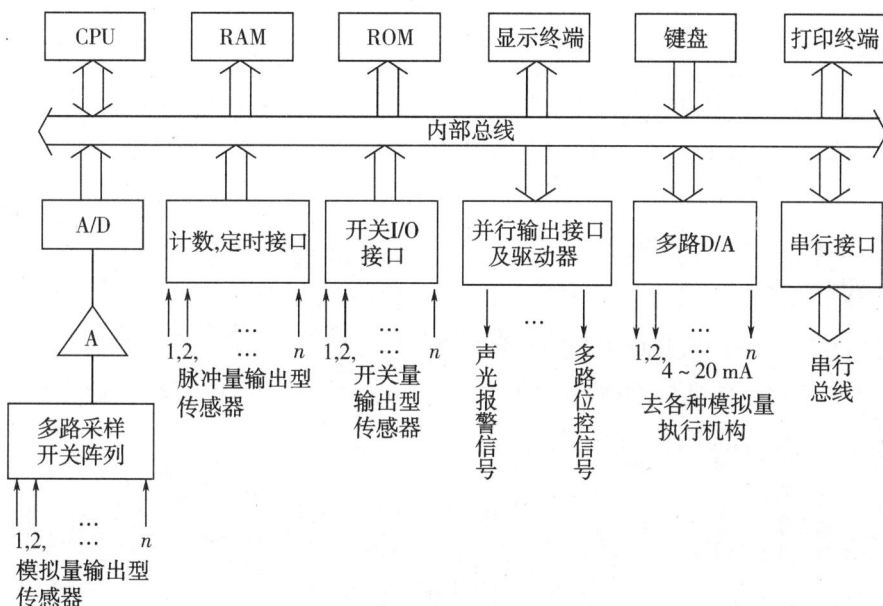

图 7-1　智能仪器的硬件结构图

智能仪器的基本结构体系实际上是使微机进入仪器内部，将计算机技术移植、渗透到仪器仪表技术中，这样可使智能仪器具有很多优点，如具有检测准确度高、灵敏度高、可靠性好以及自动化程度高等特点。

（1）检测过程控制的软件化

智能仪表改变了以往模拟仪表中通过硬件（即电子线路或器件）完成控制检测的方式，而是采用软件方式进行控制检测过程。这样的改变可使检测系统完成诸多功能，例如：自稳零放大、自动极性判断、自动量程切换、自动报警、过载自动保护、非线性补偿、多功能检测等。随着功能不断增加，若通过硬件完成，则会使仪器硬件负担加重，仪器结构变得复杂，体积和质量增大，成本上升，仪器后续发展将变得困难重重，而一旦引入微机或微处理器的智能仪器，检测过程变为软件控制，则仪器硬件结构简单，并可实现简单的人机对话、自检、自诊断、自校准、CRT 显示、打印输出和绘图等功能。同时，软件控制只需改变相应程序便可改换仪器功能，而无须换其硬件部分，这也是传统检测仪器所不能实现的。

（2）智能仪器对检测数据具有很强的处理能力

智能仪器可对检测数据进行快速在线处理,并可采用软件方式处理、执行多种算法。这样既可实现各种无止的计算与补偿,又可校准检测仪器的非线性,从而降低检测误差,提高检测的精度。这样的特点使得智能仪器从检测功能上升到了对检测结果的再加工,被检测对象的各种特征的信息参数也可由智能仪器中得到。

（3）智能仪器的多功能化

智能仪器的多种功能包括多参数的检测功能、显示功能、控制功能、管理功能以及通信功能等。

2）个人仪器(Personal Instruments)

个人仪器是以市售的个人计算机(需符合工控要求)配以适当硬件电路和传感器组成的检测系统,又称为个人计算机仪器系统。个人仪器是利用个人计算机本身所具有的完整配置来取代智能仪器中的微处理器、开关、按键、数码显示管、串行口、并行口等,相对于智能仪器,更加充分利用了个人计算机的软硬件资源,并保留了个人计算机原有的许多功能。同时,个人仪器的研制也不必像研制智能仪器那样需要研制其专门的微机电路,而是利用成熟的个人计算机技术,将更多的精力放在硬件接口模块与软件程序的开发上。图 7-2 为个人仪器的硬件结构框图。

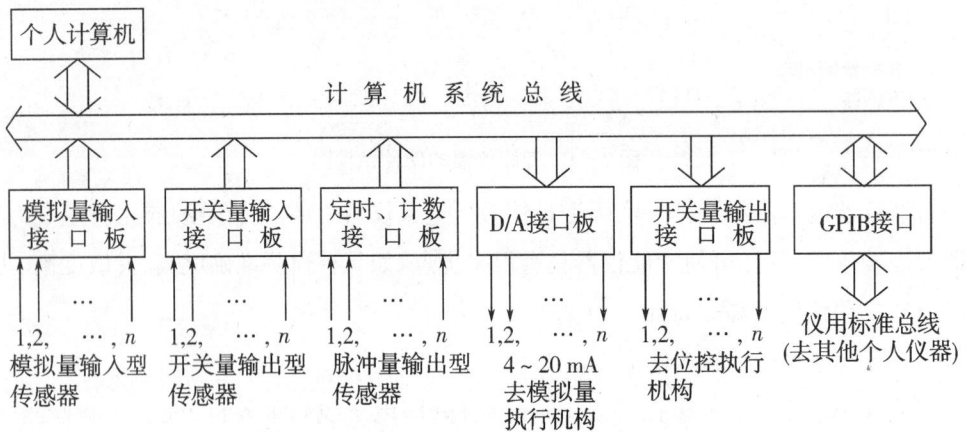

图 7-2 个人仪器硬件结构框图

个人仪器组装时,将传感器信号送到相应的接口板上,再将接口板插到工控机总线扩展槽中或专用的接口箱中,配以相应的软件就可以完成自动检测的功能。硬件方面,目前市场已有与各种传感器配套的接口板出售;而软件方面,也有相应的成熟的工控软件出售,在程序编写时,工程师可直接调用相关功能模块,以加快个人仪器的研制过程,缩短其开发周期。

3）自动测试系统 ATS(Automatic Testing System)

自动测试系统是一种以工控机为核心,以标准接口总线为基础,以可程控的多台智能仪器为下位机组合而成的一种现代检测系统。

在现代化车间或生态农业系统中,生产的自动化程度很高,一条流水线上往往安装了几十甚至上百个传感器,而无法为每一个传感器配备一台个人计算机的,它们通过各自的通用接口总线与上位机连接,上位机则利用预先编好的测试软件对每一台智能仪器进行参数设置和数据读写。同时,上位机还利用其计算、判断能力控制整个系统的运行。

一个自动测试系统还可通过接口总线或其他标准总线成为其他级别更高的自动测试系统的子系统。许多自动测试系统还可作为服务器工作站加入到互联网络中,成为网络化测试子系统,实现远程监测、控制与实时调试。图 7-3 为自动测试系统的原理框图。

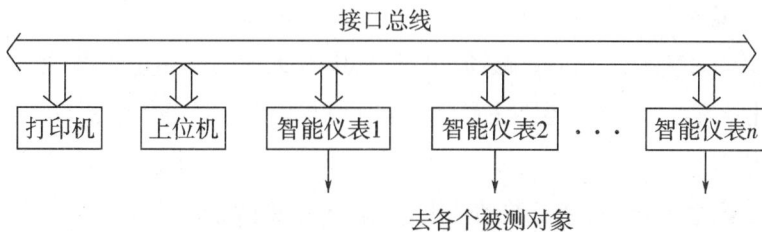

图 7-3 自动测试系统原理框图

2 现代检测系统设计的关键技术

对于现代检测系统的 3 种基本结构体系,从总体上来看,无论是哪种结构体系,现代检测系统都是包括硬件和软件两大部分的。硬件部分包括如图 7-4 所示的模块,其中,D/A 转换环节、键盘、打印、通信接口是根据系统的设计需要而制定的,若需网络化或设计成功能齐全的智能仪器,或是组成多传感器系统,则通信接口是必需的。软件部分则根据检测系统的功能、目的、性能要求等来设计。

1）传感器的选择

在检测系统中,传感器作为一次元件,其精度的高低、性能的好坏直接影响整个检测系统的品质和运行状态。

（1）对传感器的要求

一般而言,对传感器的要求是全面而严格的,主要是以下几个方面。

① 技术指标方面的要求

静态特性要求:线性度及测量范围、灵敏度、分辨率、精确地和重复性等;

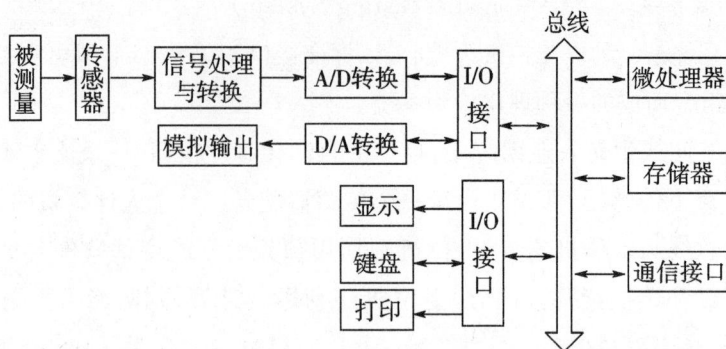

图7-4　现代检测系统通用硬件结构体系框图

动态特性要求：响应的快速性和稳定性等；

信号传递要求：形式和距离等；

过载能力要求：机械、电气与热的过载。

② 使用环境要求

温度、湿度、大气压力、振动、磁场、电场、周围有无大功率用电设备、加速度、倾斜防火、防爆、防化学腐蚀等，同时还要注意对周围环境与操作人员身体健康有无影响等方面。

③ 电源要求

电源电压形式、等级、功率及波动范围，频率与高频干扰等。

④ 基本安全要求

绝缘电阻、耐压强度及接地保护等。

⑤ 可靠性要求

抗干扰性能、使用寿命、无故障工作时间等。

⑥ 维修机管理要求

结构简单、模块化、有自诊断能力、有故障显示等。

（2）选择传感器的一般原则

高性价比是选择传感器的总原则，即在满足对传感器所有要求的情况下，成本低、可靠性高和维修方便是优先考虑的问题。而选择传感器的一般原则：首先按被测量的性质，初步确定几种可供选用的传感器的类别，然后按被测量的范围、精度、环境等要求从候选传感器中进一步确定传感器的类别，最后借助传感器的产品目录等查询其规格、型号、性能、尺寸与价格等方面因素。

2）非线性补偿技术

线性度是传感器性能指标中很重要的因素之一，传感器的线性度是指传感器的输出与输入之间数量关系的线性程度。当然，我们希望是线性的输出与输入关系，然而在实际

的应用中,传感器大多为非线性的。这可能是由于传感器的转换原理非线性,可能是由于
采用的电路非线性等等各方面的原因。要解决这样的非线性问题,常采取的措施是缩小
测量范围、取近似值,采用非线性指示刻度,加非线性校正/补偿环节等。通常使用的方法
有模拟量非线性校正常用的线性提升法、非线性 A/D 转换器校正法、数字量非线性校正
常用的加减脉冲法和分段乘系数法。图 7-5 为几种常用的非线性补偿技术原理框图。

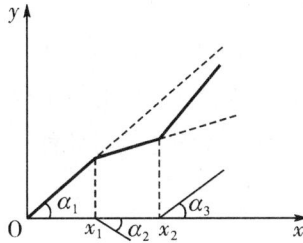

(a) 线性提升法原理图

(b) 具有数字量非线性校正的自动检测系统框图

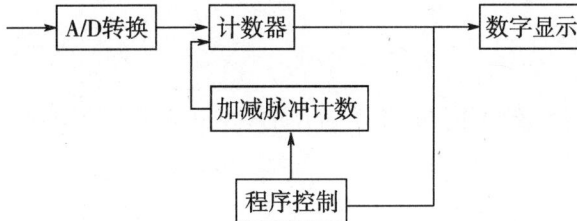

(c) 加减脉冲法非线性校正系统框图

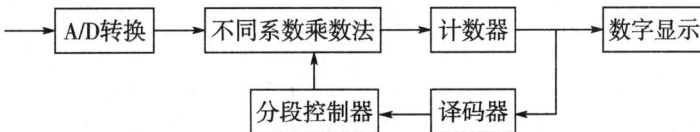

(d) 分段乘系数法框图

图 7-5 常用非线性补偿技术原理框图

3) 温度补偿技术

与实验室等特殊环境不同,检测系统常处于不同的温度环境下,甚至是某些特殊的高温
或低温环境下,因此,温度对于检测系统来说也是十分重要的环节。检测系统的基本环节特
性会随着温度的变化而变化,这就会造成整个检测系统的特性随环境温度的变化而变化。

为了满足生产对检测系统性能在温度方面的要求,需要在系统的研究、设计、制造过程中采取一系列的技术措施,以抵消或削弱环境温度变化对检测系统特性的影响,从而保证其特性基本上保持稳定。将这些技术措施统称为温度补偿技术,常用的补偿技术有并联式温度补偿和反馈式温度补偿技术。

4) 信号处理与转换技术

（1）检测电桥

传感器将各种非电量的被测量转换成电量,这些电量中只有一部分是电压或电流的标准信号,还有很大一部分是如电阻、电容、电感等等的电参量,这些电参量不能像标准信号一样直接输出,只能将其转换为电压或电流信号才能被后续电路接收,而最简单实用的转换电路便是电桥电路。

（2）信号放大

传感器输出的电压或电流信号一般都较微弱,因此需加以放大。常用于现代检测系统的放大器有仪表放大器、隔离放大器等。其中,仪表放大器与一般的通用放大器比较,具有输入阻抗高、抗共模干扰能力强、失调电压与失调电压漂移低、噪声低、闭环增益稳定性好等特点;隔离放大器则是传感器与被测对象之间进行电气隔离的装置,在工业自动化领域、医疗领域等得到广泛应用,如在医疗领域中隔离放大器用于防止医疗仪器对人体的漏电伤害。

（3）信号滤波

噪声信号在检测系统中往往是不可避免的,并由检测环境中的电磁干扰及其系统自身的原因引起,它的存在影响了系统对有用信号的提取,严重时,还会淹没待提取的输入信号,使检测系统无法获取被测信号。因此常采取滤波措施来抑制不需要的噪声信号,从而提高系统的信噪比。滤波器是一种选频装置,它只允许特定频率成分的信号顺利通过,而对于其余频率成分的信号则会被大幅度衰减。实际上滤波器就是提取有用信号,滤去无用信号的装置。

（4）信号转换

上述检测电桥即为一种信号转换技术,将电阻、电容与电感等电参量的变化量转换为相应的电压或电流的变化量。信号转换技术实际还包括了电压与频率直接的转换,电压与电流之间的转换,模拟量与数字量之间的转换。

5) 数据处理技术

检测到的信息经过转换与处理后,所得数据在进入到计算机后还必须进行数据处理,包括数字滤波与标度变换等。

（1）数字滤波

数字滤波即为软件滤波，它由软件程序实现滤波，无须硬件，不存在阻抗匹配问题，且可完成模拟滤波器无法对频率很高或很低的信号的滤波，同时，可多路信号共用一个软件"滤波器"，大大降低了检测系统的硬件成本。数字滤波是现代检测系统中重要的数据处理技术之一，并常用于克服系统的随机误差。数字滤波常采用的算法有程序判断法、中位值滤波法、算数平均滤波法、递推平均滤波法、加权递推平均滤波法和复合滤波法等。

（2）标度变换技术

标度变换又称为工程量变换，在实际应用中，被测物理量的模拟信号被检测出并转换成数字量后，常需转换成操作人员所熟悉的工程量。这是因为被测对象的物理量，如温度、压力等经过传感器和 A/D 转换后得到数值并不等于原来物理量带有的量纲，它仅表示数值的大小，所以必须将其转换成带有量纲的物理量的数值后才可运算、显示。标度变换也是传感器检测系统标定的重要内容，且主要通过软件实现。

6）多源信息融合技术

多源信息融合技术又称多源数据融合技术，随着传感器技术、计算机和通信技术的发展，单一传感器检测/控制系统已被各种面向复杂应用背景的多传感器检测系统所取代，多渠道的信息获取、处理与融合已成为可能。

现代军事与工业生产中多传感器系统的应用越来越广泛，而数据融合能充分利用不同时间与空间的多传感器信息资源，通过分析、综合、支配与使用，完成决策和估计任务，以使系统获得更优良的性能，因此，数据融合技术为多传感器系统的信息处理提供了一种有效方法，并在智能检测与控制、人工智能、专家系统等领域得到广泛应用。

（1）数据融合的目的

通过数据组合、推导出更多的信息，以便得到最佳协同作用的结果，即利用多个传感器共同联合操作的优势，提高传感器系统的有效性，消除单个或少量传感器的局限性，进而获得被测对象的尽可能全面的、立体的总和信息。

（2）数据融合原理

具有数据融合能力的智能系统是对人类高智能化信息处理能力的一种模仿，其基本原理就像人们综合处理信息一样，充分利用多个传感器资源，通过对多传感器及其观测信息的合理支配和使用，把多传感器在空间和时间上冗余或互补的信息，依据各种准则进行组合，以获得被测对象的一致性解释或描述。

（3）检测数据融合形式

数据融合一般有串联、并联与混合 3 种形式,如图 7-6 所示。

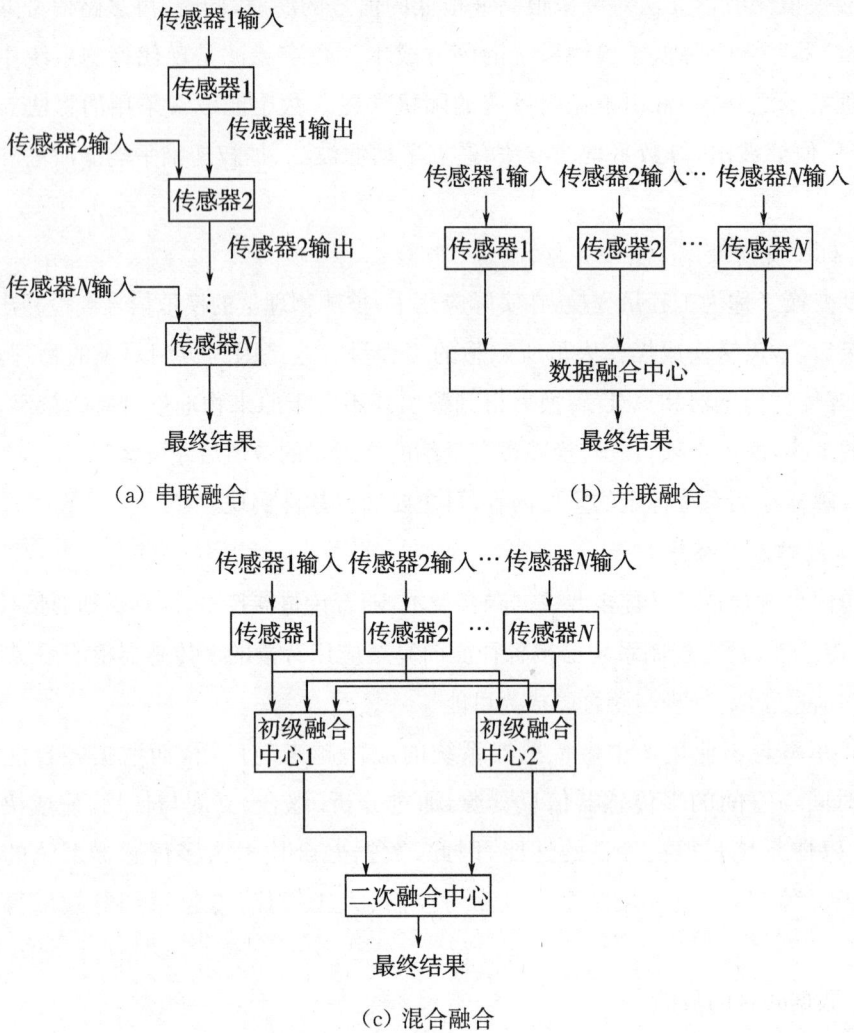

（a）串联融合　　　　　　　　　　（b）并联融合

（c）混合融合

图 7-6　多传感器数据融合形式

（4）数据融合方法

数据融合方法常用方法有基于参数估计的数据融合、基于自适应加权的数据融合、基于逻辑模板的数据融合、基于专家系统的数据融合等。

7）抗干扰技术

干扰是检测系统中的无用信号,这些无用信号会使测量结果产生误差,因此,要获得良好的测量结果,必须要研究干扰来源于抑制措施。

（1）电子检测装置的两种干扰

根据干扰进入测量电路的方式不同,通常可将干扰分为差模干扰和共模干扰两种,其中,差模干扰针对具体情况常采用双绞信号传输线、传感器耦合端加滤波器、金属隔离线、屏蔽等措施来消除;而共模干扰则常采用对称的信号接收器的输入电路和加强导线绝缘的办法消除。

（2）外来干扰的防止和抑制

当传感器将被测量转换成信号的位置与测量电路、显示系统相距很远时,外来干扰就显得特别严重。此时,外来干扰会通过各种途径耦合进线路中,如电磁耦合、静电耦合等。

抑制外来干扰的方式有:削弱或消除干扰源;减弱由干扰源到信号回路的耦合;降低放大器对干扰的灵敏度。通常将干扰源消除是最彻底有效的方法,可实际上却很难做到,因此需要采取其他办法:屏蔽与接地、"保护"屏蔽、采用合适的连接电缆线和滤波法。

（3）内部干扰及其消除

内部干扰主要来源于检测系统中的电源变压器,常采用的消除方法有采用隔离措施、采用隔离变压器供电。

8）可靠性技术

检测系统的可靠性是指在规定工作条件和工作时间内,检测系统保持原有技术性能的能力,它是由包括传感器在内的系统的所有元器件决定的。通常采取以下 3 种措施来提高可靠性:采用可靠性更高的元器件来代替原系统中故障率较大的元器件;提高工艺质量;利用元器件本身产生故障的规律来提高可靠性。

任务 2　现代汽车中的传感器应用

◆任务背景

汽车作为现代社会最常用的一种交通工具,为人们的生活带来了许多方便。随着经济与科技的不断发展,人们对汽车各方面的要求逐渐提高。对汽车的行驶状态进行全面监控,对舒适性的要求提高,为保护环境而对废弃排放标准的制约,同时,在微电子技术的不断发展下,汽车电子化已成为现实。

在现代汽车中,把各类型控制仪表的功能集成为一体,信号处理部分集成到传感器中,功率放大电路集成到执行装置中,除音响设备外,可用发动机和驱动装置、行驶机构、安全保障系统以及舒适系统 4 个控制功能单元覆盖所有汽车电子系统的工作,并通过总线系统对这 4 个控制单元之间进行通信。而传感器作为汽车电控系统(ECU)的关键部件,其优劣直接影响到系统的性能。目前,一辆普通汽车大约安装有几十只到近百只传感器,而豪华轿车则更多。从某种意义上说,先进汽车的竞争即是传感器的竞争。

◆ 相关知识

汽车中的传感器工作在何种环境,其种类与特点是什么,对其精度又有何要求,这是需要首先了解的问题。

1　汽车传感器的工作环境、种类和特点

1) 汽车传感器的工作环境

(1) 使用温度:车内 $-40\sim80$ ℃,发动机室内 120 ℃,发动机机体和制动装置则高达 150 ℃。

(2) 振动负载:车身频率为 $10\sim200$ Hz,承受力为 10 N;发动机机体频率为 $10\sim2\,000$ Hz,承受力为 40 N,而在车轮其承受力则达到 100 N。

(3) 干扰电磁场:在 500 kHz～1 GHz 频率范围内可达 $200\sim300$ V/m。

(4) 污染:车内污染较少,发动机箱内和驱动轴污染非常严重。

(5) 湿度:在温度为 $-40\sim120$ ℃范围内,其湿度为 10%～100%RH。

2) 汽车用传感器的种类和检测量

(1) 温度传感器用于测量冷却水、排出气体(催化剂)、吸入空气、发动机机油、门动变速器液压油以及车内外空气温度。

(2) 压力传感器用于测量进气歧管压力、大气压力、燃烧压力、发动机油压、自动变速器油压、制动压、各种泵压以及轮胎压力。

(3) 转速传感器用于测量曲轴转角、曲轴转速、方向盘转角以及车轮转速。

(4) 速度、加速度传感器用于测量对车速(绝对值)、加速度。

(5) 流量传感器用于测量吸入空气量、燃料流量、废气再循环量、二次空气量以及冷媒介流量。

(6) 液量传感器用于测量燃油、冷却水、电解液、洗窗液、机油与制动液。

(7) 位移方位传感器用于测量节气门升度、废气再循环阀开度、车辆高度(悬架、位移)、行驶距离、行驶方位及 GPS 全球定位。

(8) 气体浓度传感器用于测量氧气、二氧化碳、NO_x、HC、柴油烟度。

(9) 其他传感器用于测量转矩、爆燃、荷重、轮胎失效、冲占物、燃料成分、风量、雨水、湿度、玻璃结露、饮酒、睡眠、蓄电池电压与容量、照明断线、日照、光照、地磁等。

3）电子控制系统传感器精度要求

表 7-1 为汽车传感器的检测项目与精度要求。

表 7-1　汽车传感器的检测项目与精度要求

检测项目	进气歧管压力/ kPa	空气流量/ (kg/h)	温度/ ℃	曲轴转角/ (°)	燃油流量/ (L/h)	排气中氧浓度 λ/ %
检测范围	10～100	6～600	−50～150	10～360	0～110	0.4～1.4
精度要求	±2%	±2%	±2.5%	±0.5%	±1%	±1%

2　汽车中的各种传感器的应用

1）汽车中的温度传感器

汽车中温度传感器有热敏电阻式、石蜡式、双金属片式、敏铁氧体式等,主要用来测量冷却液温度、进气温度、排气温度、EGR(废弃再循环)系统温度,以修正发动机喷油量;测量车内、外空气温度和空调蒸发器出风口温度,以启动汽车空调温度控制系统的工作。

（1）热敏电阻式温度传感器

在汽车电子控制系统中,负温度系数热敏电阻温度传感器的应用是最为广泛的。

① 冷却液温度传感器。冷却液温度传感器通常被安装在冷却水道上,用于检测电子控制燃油喷射装置的冷却液温度,由 ECU 修正发动机喷油量,以调整空燃比,使发动机的可燃混合气燃烧稳定。其结构图和与 ECU 的连接电路图如图 7-7 所示。

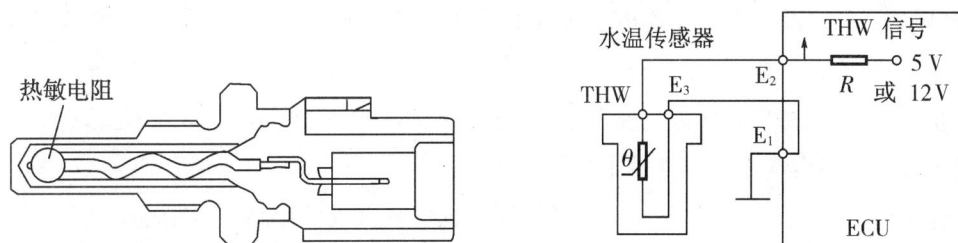

图 7-7　冷却液温度传感器结构与连接电路图

② 水温表热敏电阻式传感器。水温表安装在仪表面板上,可以检测冷却液温度,也可以检测润滑油的温度。它由 NTC 热敏电阻感受水温变化,控制回路电流变化,改变与热敏电阻串联的电热丝发热量,受电热丝加热的双金属片弯曲并带动指针偏转。

③ 车内、外空气温度传感器。车内、外空气温度传感器与电位计串联,检测车内、外空气温度,自动启动汽车空调温度控制系统工作。通常车内空气温度传感器被安装在挡风玻璃底下,而车外空气温度传感器则安装在前保险杠内。

④ 进气温度传感器。进气温度传感器的安装位置通常是根据不同类型的电子燃油

喷射装置来选择的,如在 L 型电子燃油喷射装置中,它是被安装在空气流量传感器内的;在 D 型电子燃油喷射装置中,则被安装在空气滤清器的外壳上或稳压罐内。图 7-8 为进气温度传感器的结构。

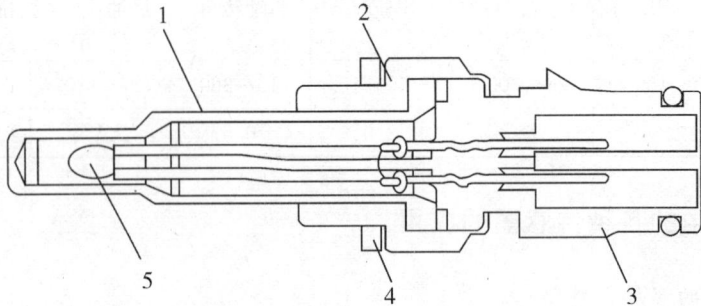

1—绝缘套;2—塑料外壳;3—防水插座;4—铜垫圈;5—热敏电阻

图 7-8　进气温度传感器的结构

此外,排气温度传感器、空调蒸发器出风口温度传感器与 EGR 系统监测温度传感器都是采用热敏电阻式温度传感器进行温度检测。

(2) 其他类型的温度传感器

① 石蜡式气体温度传感器。石蜡式气体温度传感器是利用石蜡作为检测元件,当温度升高时,石蜡膨胀,推动活塞运动,调节节流孔的截面积,在规定温度时关闭或开启阀门。这种传感器通常用于化油器式发动机上,低温时作为发动机进气温度调节装置用传感器(HAI),而高温时作为发动机怠速修正用传感器(HIC)。具体来说,传感器调节器的作用是:在寒冷的季节,传感器测量空气滤清器内的进气温度,控制进气温度调节装置的真空膜片负压,保持合适的进气温度;在高温怠速状态时,将化油器的旁通管直通大气,保证进气歧管内混合气的最佳空燃比。

② 双金属片式气体温度传感器。双金属片式气体温度传感器通常用于化油器型发动机的进气温度测量和进气量控制。发动机工作时,利用温度调节装置(HAI 系统),测定进气温度的变化,并通过真空膜片,调节冷气、暖气的比例。低温时,阀门关闭;高温时,阀门开启。

③ 热敏铁氧体温度传感器。热敏铁氧体温度传感器常用于控制散热器的冷却风扇,其规定温度在 0~130 ℃之间。在被测的冷却液温度低于规定温度时,热敏铁氧为强磁性体,传感器的舌簧开关闭合,冷却风扇继电器断开,冷却风扇停止工作,反之,冷却风扇被接通。

2) 汽车中的压力传感器

汽车上压力传感器的应用广泛,例如检测进气歧管压力、气缸压力、发动机油压、变速器油压、车外大气压力及轮胎压力等。具体地说,歧管压力用于测定控制点火提前角、空燃比和 EGR;气缸压力用于测定控制爆燃;大气压测量修正空燃比;轮胎气压监测;变速器油压测量控制变速器;制动阀油压测量控制制动;悬架油压测量控制悬架。表 7-2 为压力传感器的安装位置与结构原理及用途。

表 7-2　压力传感器的安装位置与结构原理及用途

传感器种类	原理结构	安装位置	用　途
真空开关传感器	膜片、弹簧	空滤器上	产生空滤器是否堵塞指示信号
油压开关传感器	膜片、弹簧	发动机主油道上	产生发动机油压指示信号
制动主缸油压传感器	半导体式	制动主缸的下部	控制制动系统油压
绝对压力传感器	硅膜片式	悬架系统	检测悬架系统油压
相对压力传感器	半导体式	空调高压管上	检测冷媒压力
进气压力传感器	半导体压敏电阻式	进气总管上	检测进气压力
	真空膜盒、变压器式		
	膜片电容式		
	压电式表面弹性波		
涡轮增压传感器	硅膜片	涡轮增压机上	检测增压压力
制动总泵压力传感器	半导体式	主油缸下部	检测主油缸输出压力
蓄压器压力传感器	半导体压敏电阻元件	油压控制组件上方	检测油压控制组件的压力
空调压力开关传感器	膜片、活动触点、固定触点、感温包	高压压力开关:高压管路上;低压压力开关:低压管路上	高压回路或低压回路压力高于或低于规定值时使压缩机停机

3)汽车中的流量传感器

现代汽车电子控制燃油喷射系统中,空气流量传感器用于测量发动机吸入的空气量,其信号是控制单元 ECU 计算喷油时间和点火时间的主要依据。

目前,汽车中的空气流量传感器类型有体积流量传感器和质量流量传感器两种。其中,常用的体积流量型传感器有叶片式、卡尔曼涡流式和测量芯式等,而质量流量型传感器有热线式和热模式等。

4)汽车中的气体传感器

气体传感器在汽车上的应用主要包括:电子控制燃油喷射装置进行反馈控制的氧传感器,稀燃发动机的空燃比反馈控制系统中的稀燃传感器,与空气净化器配套使用的烟雾浓度传感器,柴油机的电子控制系统中检测发动机排气中形成的炭烟或未燃烧炭粒的排烟传感器等。

（1）氧传感器

氧传感器用于空燃比控制盒三元催化剂的监视器，它需要在 300 ℃ 以上高的温度下工作，因此都安装在排气管上。目前汽车上最常用的氧传感器为二氧化锆型（ZrO_2）与二氧化钛型（TiO_2）。二氧化锆（ZrO_2）型氧传感器由二氧化锆陶瓷管（固体电解质，也称为锆管）、电极与护套组成。它又可分为加热型与非加热型，现代轿车中大多使用加热型氧传感器。二氧化钛（TiO_2）型氧传感器的输出是随电阻值的变化而变化的，所以也称电阻型氧传感器。纯净的二氧化钛在室温下具有很高的电阻，当其表面缺氧时，电阻值会大大减小。

（2）稀薄混合气传感器

稀薄混合气传感器与普通的带加热器二氧化锆型氧传感器相似，它直接使用与发动机稀薄燃烧领域测定排气中的氧浓度。其原理是在二氧化锆元件的两端加上电压，则电流与排气中的氧浓度成正比例关系。利用这一特性可以连续地检测出稀薄燃烧区的空燃比。

（3）宽域空燃比传感器

宽域空燃比传感器是利用氧浓度差电池原理和氧气泵的泵电池原理，连续检测混合气从过浓到理论空燃比再到稀薄状态整个过程的一种传感器。当混合气过浓时，氧泵就会吸入氧气到测定室中，而当排放气比混合气稀薄时，则从测定室中放出氧气到排放气中，使排放气保持在理论空燃比上，从而可通过测定氧泵的电流值来测定排放气体中的空燃比。混合气空燃比在过浓一侧为负电流，在稀薄一侧为正电流，当理论空燃比为 14.7 时，电流值为零，即可连续测量出空燃比。

（4）烟尘浓度传感器

烟尘浓度传感器是由发光元件、光敏元件和信号处理电路等部分组成的。空气能够通过烟雾进口自由流动，若空气中没有烟雾，电路是不工作的；当有香烟等烟雾进入时，因烟雾粒子的漫反射使间歇红外光进入光敏元件，此时，配合空气净化器鼓风机的电动机的工作，以保持车内空气的清新。

为防止烟尘浓度传感器受外部干扰而发生误动作，红外光的发射由脉冲振荡电路调制。此外，传感器内部还设有定时、延时电路，即使没有烟雾，鼓风机一旦开始动作，也只能连续旋转 2 min 后便停止工作。图7-9 为

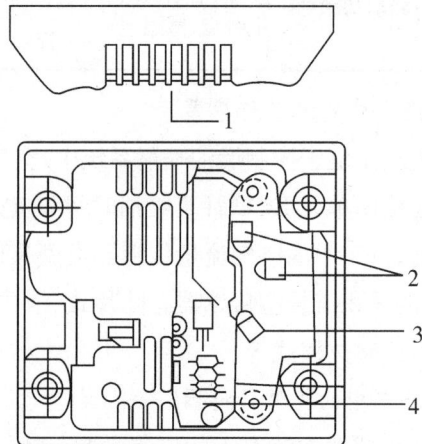

1—烟雾进口；2—光敏元件；3—发光元件；4—电路部分

图 7-9　烟尘浓度传感器的结构

烟尘浓度传感器的结构。

5）汽车中的速度传感器

在汽车上，转速传感器用以测量汽车行驶速度，以便使发动机的控制、自动起动、ABS、牵引力控制系统（TRC）、活动悬架、导航系统等装置能正常工作。它主要包括簧片开关式、磁阻元件式、光电式等几种最为常用的传感器。另外，检测角速度用的传感器有振动型、音叉型等。不同车辆所采取的结构形式都有所区别。

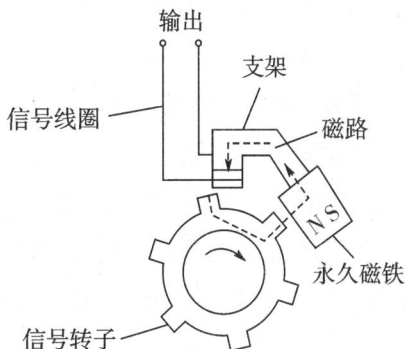

图 7 - 10　曲轴角的检测原理

（1）脉冲检波式转速传感器

脉冲检波式转速传感器安装于发动机分电器内部，一般用在汽油机上，用以检测发动机的曲轴角位置。如图 7 - 10 所示，这种传感器由安装在分电器内的信号转子、永久磁铁及信号线圈组成，它实际是一种电磁式转速传感器。脉冲信号发生装置的原理在信号转子的周边设有若干凸起部位，当转子的凸起部位经过信号线圈时，在信号线圈两端产生感应电压。

（2）光电式转速传感器

光电式转速传感器通常安装在分电器上。从原理上讲，光中式转速传感器是一种光电式角编码器，有一个与分电器同轴旋转的旋转板，称为转子板，转子板的两边分别安装有发光二极管和光敏二极管，转子板上开有 360 个齿隙和与气缸数相同的检测窗，其中齿隙用于检测角度信号，而检测窗则用于检测基准信号。

（3）电磁式转速传感器

电磁式转速传感器用于柴油机检测发动机的转速，从喷油泵获取电信号。传感器信号线圈输出的交流电压频率与发动机的转速成正比。

（4）外附盘形信号板式转速传感器

盘形信号板安装在曲轴上，并随之一同旋转，配合曲轴角度传感器产生信号。

另外，车速传感器是用安装在车轮轮毂上的转速传感器来间接测量车速，同样也有磁电式、光电式、磁阻式等类型。而角速度传感器常见的则有振动型和音叉型，用于检测车体转弯时旋转角速度。

6）汽车中的加速度和振动传感器

加速度与振动传感器主要应用于车内安全气囊系统、汽车防抱死系统（ABS）、底盘控制等装置的有效控制，也被称为碰撞与爆燃传感器。

（1）爆燃传感器

爆燃传感器是指汽车发动机的一个汽油爆燃值，当发动机工作在爆燃极限附近时，其效率最高，消耗最小；若超过该爆燃极限值，则会产生过多的爆燃燃烧，使得发动机损坏。因此，爆燃传感器是用来检测发动机的工作状态，通过电脑控制板输出反馈信号来调整发动机点火提前角，尽可能使发动机工作在爆燃极限边缘。

发动机爆燃检测方法有气缸压力法、发动机机体振动法与燃料噪声法，其中，发动机机体振动法是目前最常用的方法。采用发动机机体振动法检测的爆燃传感器又分为共振型和非共振型两大类，其中，共振型又包括磁致伸缩式与压电式两种，而非共振型仅有压电式一种类型。现今最常见的爆燃传感器是压电式传感器，它具有成本低、无磨损、可靠性高等优点，且特性稳定，不需要电源。

（2）碰撞传感器

汽车交通事故往往是突然发生的，发生时间极短，人们没有反应时间来主动保护自己，只有靠被动安全装置来减少事故对人体造成的伤害。因此，汽车安全气囊系统中的碰撞传感器的作用就显得尤为重要了。碰撞传感器实际是一种加速度传感器，用以检测碰撞强度，以便及时启动安全气囊。碰撞传感器主要有钢球式、半导体式、水银式与光电式。

以光电式加速度传感器为例，如图 7-11 所示，传感器由两只光敏晶体管、两只发光二极管、一块透光板和信号处理电路等构成。汽车在匀速行驶时，透光板不工作，传感器没有信号输出；当汽车加速或减速时，透光板沿汽车纵向方向上摆动，加速度越大，透光板暴动的角度也越大。计算机（ECU）根据两只光敏晶体管导通和截止的状态信号，判断出路面的状况，从而采取相应的措施。

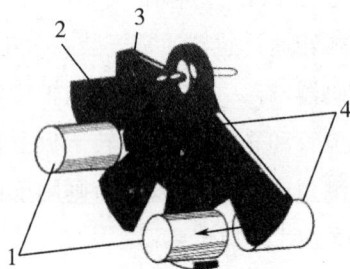

1—光敏晶体管；2—透光口；3—透光板；4—发光二极管

图 7-11　光电式加速度传感器的结构

7）汽车中的位置传感器

位置传感器在汽车中的应用也是十分重要的部分，它包括曲轴位置传感器、凸轮轴位置传感器、节气门位置传感器、液位传感器、车辆高度传感器以及转向传感器、座椅位置传感器、方位传感器等多个方面。这些传感器被安装在汽车的不同部位，利用不同的结构原理完成相应的功能，如表 7-3 所示。

表7-3　位置传感器的结构原理、安装位置及用途

传感器种类	原理结构	安装位置	用途
曲轴位置传感器（轮齿）	磁脉冲式：信号转子、永磁铁、线圈	分电器内或曲轴前端皮带轮之后	检测曲轴转角位置，测量发动机转速
曲轴位置传感器（转子）	磁脉冲式：正时转子、G、Ne线圈	分电器内	
曲轴位置传感器	光电式：曲轴转角传感器、信号盘	分电器内	
	触发叶片式霍尔元件：内、外信号轮	曲轴前端	
凸轮轴位置传感器	脉冲环、霍尔信号发生器	分电器内	判缸（同步）信号
线性型节气门位置传感器	怠速触点、全开触点电阻器、导线	节气门体上与节气门连接	判断发动机工况，控制喷油脉宽
开关型节气门位置传感器	IDL触点、PSW功率触点、凸轮、导线		
光电式车身高度传感器	光电耦合元件、这光盘、轴	悬架系统减振器杆上	将车身高度转换成电信号，输入ECU
座椅位置传感器	霍尔元件、永久磁铁	座椅调节装置上	调节座椅状态
方位传感器	线圈、铁心	GPS终端机上	车辆导航
浮筒开关式液位传感器	浮筒簧片开关	主缸、润滑油箱	检测清洗液、冷却水、制动液、润滑油液位
热敏电阻式液位传感器	热导效应		燃油液位
滑动电阻式液位传感器	浮筒、电位器		

8）其他传感器在汽车中的应用

（1）光电传感器

① 光亮传感器：内置CdS光敏电阻，用于各种灯具的亮熄自动控制。

② 日照传感器：安装在仪表盘的上侧检测日照量，自动调整空调的出风温度及分量。

（2）湿度传感器

① 热敏电阻式湿度传感器：主要用于汽车风窗玻璃的防霜、化油器进气部位湿度的测定及自动空调系统中车内湿度的测定。

② 结露传感器：用于汽车风窗玻璃的结露检测，控制汽车空调除霜功能的运行。

（3）压电式传感器

① 雨滴传感器：用于雨滴传感刮水系统中，安装在车身外部，检测降雨量，控制刮水电动机的间歇时间。（除压电式的雨滴传感器外，常见的还有电容式和光电式两种类型。）

② 压电式载荷传感器:安装于电子控制悬架系统减振器拉杆内,用来测定衰减力,以检测路面的凹凸状态,可分别对前、后轮的衰减力进行切换。

(4) 超声波传感器

测量距离的传感器可分为采用三角法测距的光学式传感器和超声波两种,汽车上通常采用超声波式传感器。

① 短距离用超声波传感器:单探头结构,安装于车体四角靠下,用于检测距车体50 cm 之内有无物体。

② 中距离用超声波传感器:单探头结构,用于检测 2 m 以内有无障碍物。2 m 以内蜂鸣器发出缓慢的断续声,在 1 m 以内发出较快的断续声,0.5 m 以内发出连续的声音。若将传感器安装在车的后方,则构成倒车声呐系统。

(5) 磨损检测传感器

其结构一般为 U 形簧片,顶端安装在制动器摩擦块的磨损界限位置上,用于检测摩擦片的磨损情况。当检测部位的磨损超过规定的限度时,U 形部分被磨损切断,电路断开,警告灯亮,告知驾驶员。此外还有接触法,即当检测部位的磨损超过规定的限度时,传感器被接触。

(6) 存储式反射镜用传感器

存储式反射镜是指能自动收回的门外反射镜,与可伸缩式转向器联动,能自动存储记忆、调整车反射镜上下左右的角度。这个装置由上下和左右方向的两组位置传感器组成。传感器由霍尔元件和永久磁铁构成,霍尔元件安装在反射镜的把柄上,永久磁铁埋入在驱动反射镜用的驱动轴螺钉后端。

(7) 电流检测传感器

汽车中的电流检测传感器一般有集成电路式、晶体管式、簧片开关式、PTC 式等。集成电路式、晶体管式和簧片开关式电流传感器主要用于识别灯具电路的断线状况,如前照灯、尾灯、停车灯等,若有断线情况立即报警。PTC 式电流检测传感器则主要用于电加热式自动阻风门、门控电动机、空调鼓风机等电路的控制。

◆拓展知识

车用传感器的故障检测方法

车用传感器若发生故障,通常采用的检测方法有单体检测法和就车检测法两种。

这里以冷却液温度传感器的故障检测为例进行说明。

(1) 单体检测:从车上拆下冷却液温度传感器,并将其置于水杯中,缓慢加热提高水温,同时用万用表测量传感器两端子间的电阻值应在正常范围内,否则表明传感器已损坏。正常的传感器,20 ℃时阻值为 2～3 kΩ,40 ℃时阻值为 0.9～1.3 kΩ。

(2) 就车检测:将冷却液温度传感器的连接器断开,用万用表测定传感器两端子间的电阻值,判断传感器的好坏。

任务 3 现代机器人中的传感器应用

扫一扫观看现代
机器人演示图片

◆ 任务背景

随着科技的发展,机器人被创造出来,它帮助人们完成许多繁重、危险的工作,使得生产力得到迅速提高,人们能够有更多的精力去做自己想做的事情……总的来说,机器人技术是当今世界毋庸置疑的前沿项目。

机器人之所以被称之为"人",就是因为它是一种典型的仿生装置。所谓仿生,就是利用科学技术,把人体或生物体的行为和思维进行部分模拟。而机器人就是让机器仿照人的动作进行工作,可是仿照的前提就是要感知,机器没有人的五官、感觉,不能像人一样看到、听到、闻到、摸到,这时就需要机器人传感器,传感器能够帮助没有生命的机器实现能像人一样的感知。

◆ 相关知识

机器人是由计算机控制的机器,其动作机构具有类似人的肢体及感官的功能,动作程序灵活易变,有一定程度的智能,且在一定程度上,可不依赖人的操纵而工作。机器人传感器在机器人的控制中起到非常重要的作用,正因为有了传感器,机器人才具备了类似人类的知觉功能。

1 机器人传感器的分类

机器人所用的传感器一般分为内部传感器和外部传感器(即感觉传感器)两大类。其中,内部传感器是以机器人本身的坐标来确定其位置,其功能是检测机器人自身的状态,用于系统控制,使机器人按规定的要求进行工作,比如限位开关、编码器、加速度计、角度传感器等;而外部传感器的功能则是检测环境信息,识别工作环境,为机器人提供应付环境变化的依据,使机器人能控制操作对象,比如光电传感器、接近开关、视觉传感器、触觉传感器、压力传感器等。

具体来讲，机器人传感器的分类及应用如表7-4所示。

表 7-4　机器人传感器的分类及应用

类别	检测内容	应用目的	传感器件
明暗觉	是否有光，亮度多少	判断有无对象，并得到定量结果	光敏管、光电断续器
色觉	对象的色彩及浓度	利用颜色识别对象的场合	彩色摄影机、滤色器、彩色 CCD
位置觉	物体的位置、角度、距离	物体空间位置，判断物体移动	光敏阵列、CCD 等
形状觉	物体的外形	提取物体轮廓及固有特征，识别物体	
接触觉	与对象是否接触，接触的位置	决定对象位置，识别对象形态，控制速度，安全保障，异常停止，寻径	光电传感器、微动开关、薄膜接点、压敏高分子材料
压觉	对物体的压力、握力、压力分布	控制握力，识别握持物，测量物体弹性	压电元件、导电橡胶、压敏高分子材料
力觉	机器人有关部件（如手指）所受外力及转矩	控制手腕移动，伺服控制，正确完成作业	应变片、导电橡胶
接近觉	与对象物是否接近，接近距离，对象面的倾斜	控制位置，寻径，安全保障，异常停止	光传感器、气压传感器、超声波传感器、电涡流传感器、霍尔传感器
滑觉	垂直于握持面方向物体的位移，旋转重力引起的变形	修正握力，防止打滑，判断物体重量及表面状态	球形接点式、光电式旋转传感器、角编码器、振动检测器

2　机器人的触觉传感器

机器人的触觉对应的就是人的触觉功能，主要包括对压觉、力觉、滑觉与接触觉四种类别的感知。

1) 压觉传感器

压觉传感器位于手指握持面上，用来检测机器人手指握持面上承受的压力的大小和分布。以常见的硅电容压觉传感器为例，其阵列剖面图如图7-12所示。

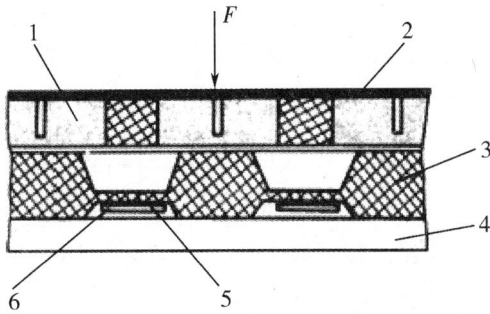

1—柔性垫片层;2—表皮层;3—硅片;4—衬底;5—SiO$_2$;6—电容极板

图 7 - 12　硅电容压觉传感器阵列剖面图

如图 7 - 12 所示,硅电容压觉传感器阵列由若干个电容器均匀地排列成一个简单的电容器阵列。当机器人手指握持物体时,传感器将能感受到一个外力的作用,这个作用力通过表皮层和垫片层传到电容极板上,改变了两极板间的极间距 d,从而引起电容 C_x 的变化,其变化量随作用力的大小变化,经转换电路输出电压给计算机,再与标准值进行比较后,按程序输出指令给执行机构,使机器手指保持适当握力。

2) 滑觉传感器

机械手在抓住物体时,必须对物体作用最佳大小的握持力,即既要保证被握住的物体不因握力太小而产生滑动或滑落,又要保证不因握力太大而使被抓物体产生变形而损坏。在手爪间安装滑觉传感器就能完成这一功能,它能检测出手爪与物体接触面之间相对运动(滑动)的大小和方向。若只能够感知一个方向上的滑觉的传感器,则被称为一维滑觉,常见的有光电式滑觉传感器;若能感知两个方向上的滑觉,则相应地被称之为二维滑觉,常采用的有球形滑觉传感器,如图 7 - 13 所示。

如图 7 - 13 所示,该传感器有一个可自由滚动的球,球的表面是用导体和绝缘体按一定规格布置的网格,在球表面安装有接触器,当球与被握持的物体相接触时,如物体滑动,将带动球随之滚动,接触器与球的导电区交替接触,从而发出一系列的脉冲信号,脉冲信号的个数及频率与滑动的速度相关。球形滑觉传感器所测量的滑动不受滑动方向的限制,能检测全方位滑动。在这种滑觉传感器中,也可将两个接触器用光电传感器代替,滚球表面制成反光和不反光的网格,这样无须接触可减少磨损,提高可靠性。

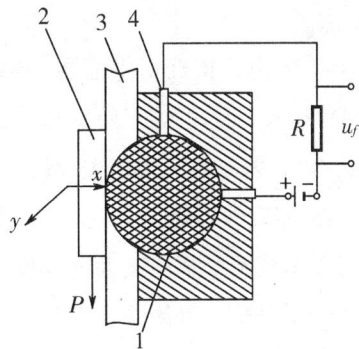

1—滑动球;2—被抓物;3—软衬;4—接触器

图 7 - 13　二维球形滑觉传感器

3) 接触觉传感器

顾名思义,接触觉传感器是使机械手能够感知是否接触到物体的传感器。常见的是利用有机高分子聚二氟乙烯(PVDF)构成的接触觉传感器。PVDF 是一种具有压电效应和热释电效应的敏感材料,其厚度只有几十微米,具有优良的柔性及压电特性,除接触觉传感器外,它也是滑觉、热觉等传感器常用的材料,是人们用于研制仿生皮肤的主要材料。

当机械手表面接触到物体时,接触瞬间的压力使得 PVDF 因压电效应产生电荷,经电荷放大器产生脉冲信号,该脉冲信号就是接触觉信号。

此外,由 PVDF 构成的滑觉与热觉传感器的原理是:当物体相对于手爪表面滑动时引起 PVDF 表层的颤动,导致 PVDF 产生交变信号,这个交变信号就是滑觉信号。当手爪抓住物体是,由于物体与 PVDF 表层有温差存在,产生热能传递,PVDF 的热释电效应使 PVDF 产生极化,从而产生相应数量电荷,电压信号得以输出,这个信号就是热觉信号。

3 机器人的其他类型传感器

1) 接近觉传感器

与机械手的接触觉不同,接近觉传感器是用于感知一定距离内的场景状况的,它与物体没有接触,只是在接近物体时(从几毫米至几十毫米,甚至达几米),能感应到物体的存在,从而为机器人的后续动作提供必要的信息,供机器人决定以怎样的速度逼近对象或避让对象。如循迹避障智能小车能感知障碍物并有效避让,完成该功能的主要器件便是接近觉传感器。

常用的接近觉传感器有电磁式、光电式、电容式、超声波式、红外式、微波式等多种类型。

(1) 光电式接近觉传感器。光电式接近觉传感器采用发射—发射式原理,适合于判断有无物体接近,但难于感知物体的具体位置(即无法得知距离的数值),且其灵敏度与物体表面的反射率等因素相关,容易受到影响。

(2) 超声波接近觉传感器。超声波接近觉传感器与前面章节中超声波测距原理类似,用一个或两个超声波换能器检测有无物体接近,同时还能弥补光电式接近觉传感器的不足之处,可感知物体的远近距离,同时不受环境因素(如背景光)的影响,也不受物体材料、表面特性等条件的限制,因此适用范围较大。

2) 视觉传感器

机器人也需要具备类似人的视觉功能。带有视觉系统的机器人可以完成许多工作,如判断亮光、火焰、识别机械零件、装配作业、安装修理作业、精细加工等等。在图像处理技术方面已经由一维信息处理发展到二维、三维复杂图像的处理。将景物转换成电信号的设备是光电检测器,最常用的光电检测器是固态图像传感器(主要是面阵 CCD 传感器,且可分别彩色信息)。

◆拓展知识

智能循迹机器人小车

智能循迹小车实际上是一种简易的机器人,它能够完成的功能包括:

扫一扫观看循迹
小车演示视频

(1)小车能够根据设置的路线运动,经过的路线使用黑色粗线或黑色胶带作为引导线,小车能够自动沿着黑线运动。在运动过程中,地面设置有若干金属片,要求能探测出金属片的个数、金属片与小车起始位置的距离。

(2)引导区有直道区和弯道区,要求小车在两种区域均能准确运行。在无引导线区域设置障碍物,小车能自动避开障碍物穿过该区域。

(3)区域前方有停车库,车库使用灯光引导小车,要求小车能够自动停靠到车库。

(4)小车能够记录并显示小车运行的总时间和行驶路程,以及小车运动过程中的即时速度。

要完成上面的功能,传感器是必不可少的。这里将着重介绍智能小车的感知检测部分,也就是智能小车上的传感器。

1　如何检测引导线

可以采用光敏电阻检测引导线。光敏电阻检测到黑线时电阻很大,检测到白线时电阻很小,利用这一差别,将电阻值的跃变转化为电压的跃变,实现对黑线白纸的检测。也可以采用反射式红外传感器,一般红外线频段能量较弱,红外线波长大,近距离衰减小,在一定程度上能避免外界光源的干扰,探测近距离黑线更可靠。

2　金属物体的探测

金属物体探测采用集成金属检测元件(即接近开关)。元件使用简单,灵敏度较高。常用的电感式接近开关电路图如图 7 - 14 所示。

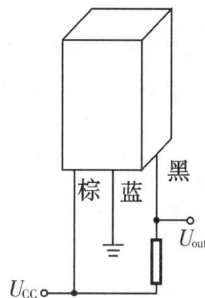

图 7 - 14　电感式接近开关电路

3　障碍物的探测

障碍物的探测通常有两种方式:超声波探测和红外探测。采用超声波探测,超声波频率高、波长短、定向性好、能量集中,适合于距离测量,且不易受光线干扰,提高了系统的可靠性,还可以对障碍物的位置进行定位。单电源供电的超声波传感器接收电路图如图7 - 15所示。

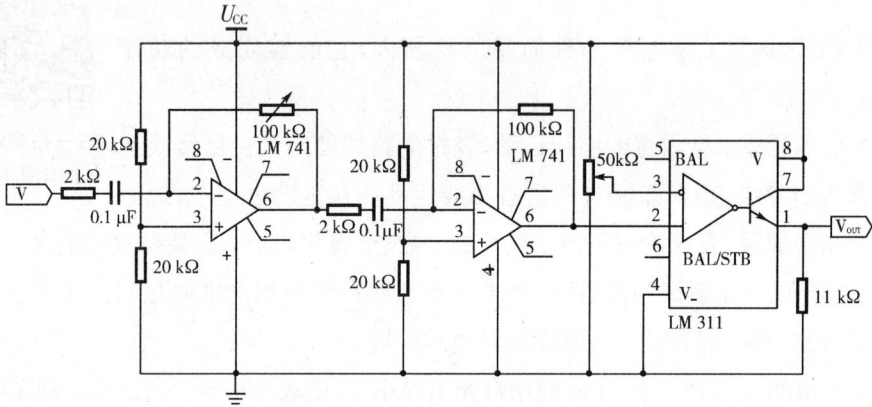

图 7 - 15　超声波传感器接收电路图

采用反射式红外探测,电路结构形式较简单,可在车身四周都装上红外传感器,这样就可以探测小车四周是否有障碍物,使系统能够更好地分析周围环境,但缺点是探测距离较短。常用的 ST188 的电路如图7 - 16所示。

4　距离与速度的测量

距离与速度的测量主要是借助小车车轮的运动来完成的,可以采用霍尔式传感器,也可采用反射式红外传感器实现。其测量方法在本书的前面内容中有介绍,在此不再过多讲述。

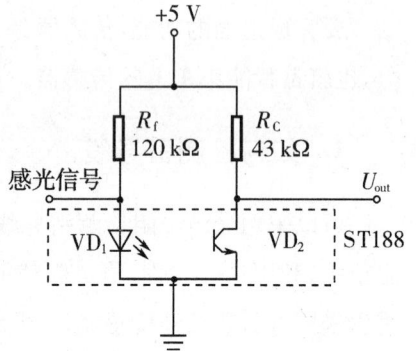

图 7 - 16　ST188 电路图

◆思考与练习

1. 通过多渠道查找资料,总结现代汽车中,大约共有多少种传感器? 它们的作用分别是什么?

2. 观察各种类型的汽车,例如小轿车、大客车、大卡车、工程车甚至拖拉机,你觉得除了本书介绍的传感器之外,还可以在这些车辆的哪些部位安装哪些传感器,从而可以进一步提高车辆的舒适性和诸如效率、环保、安全性能等?

3. 除了汽车之外,飞机、火车等交通工具中都安装有众多类型的传感器。请举例谈谈传感器可靠性和寿命在这些综合应用系统中的重要性。

4. 请按以下要求构思一个宾馆智能保安系统,系统包括:

(1) 客房火灾报警系统(火焰、温度、烟雾监测等),并说明如何防止误报警。

(2) 宾馆大堂玻璃门来客自动开门、关门以及防夹系统。

(3) 财务室防盗系统。

写出总体构思,画图说明以上三个子系统与计算机之间的联系。

5. 请根据学过的知识,查阅相关资料,用笔画出连接线,将左边的传感器与右边的具体应用连接起来(多项选择)。

传感器名称	应用场合与领域
金属热电阻	-50～150℃测温
热敏电阻	-200～960℃测温
热电偶	-200～1 800℃测温
PN结测温集成电路	直线和角位移测量
热成像	质量测量
电位器	力、应力、应变测量
应变片	压力测量
自感、互感	1 mm以下,分辨力达到5 μm的位移测量
电涡流	可燃性气体测量
气敏电阻	10 mm以下,分辨力达到0.5 μm的位移测量
电容	无损探伤
压电	动态力测量
光敏三极管	图像识别
光导纤维	湿度测量
热成像	振动测量
CCD	液位测量
霍尔	磁场方向测量
磁阻	转速测量
磁致伸缩	磁感应强度测量
超声波	角位移
角编码器	物位测量
光栅	水的透明度测量
磁栅	1 m以下,分辨力达到5 μm的位移
容栅	30 m以下,分辨力达到0.5 μm的位移测量

附录 A　K型热电偶分度表(单位:μVs)

℃	0	1	2	3	4	5	6	7	8	9
−200	−5 891	−5 907	−5 922	−5 936	−5 951	−5 965	−5 980	−5 994	−6 007	−6 021
−190	−5 730	−5 747	−5 763	−5 780	−5 796	−58/13	−5 829	−5 845	−5 860	−5 876
−180	−5 550	−5 569	−5 587	−5 606	−5 624	−5 642	−5 660	−5 678	−5 695	−5 712
−170	−5 354	−5 374	−5 394	−5 414	−5 434	−5 454	−5 474	−5 493	−5 512	−5 531
−160	−5 141	−5 163	−5 185	−5 207	−5 228	−5 249	−5 271	−5 292	−5 313	−5 333
−150	−4 912	−4 936	−4 959	−4 983	−5 006	−5 029	−5 051	−5 074	−5 097	−5 119
−140	−4 669	−4 694	−4 719	−4 748	−4 768	−4 792	−4 817	−4 841	−4 865	−4 889
−130	−4 410	−4 437	−4 463	−4 489	−4 515	−4 541	−4 567	−4 593	−4 618	−4 644
−120	−4 138	−4 166	−4 193	−4 221	−4 248	−4 276	−4 303	−4 330	−4 357	−4 384
−110	−3 852	−3 881	−3 910	−3 939	−3 968	−3 997	−4 025	−4 053	−4 082	4 110
−100	−3 553	−3 584	−3 614	−3 644	−3 674	−3 704	−3 734	−3 764	−3 793	−3 823
−90	−3 242	−3 274	−3 305	−3 337	−3 368	−3 399	−3 430	−3 461	−3 492	−3 523
−80	−2 920	−2 953	−2 985	−3 018	−3 050	−3 082	−3 115	−3 147	−3 179	−3 211
−70	−2 586	−2 620	−2 654	−2 687	−2 721	−2 754	−2 788	−2 821	−2 854	−2 887
−60	−2 243	−2 277	−2 312	−2 347	−2 381	−2 416	−2 450	−2 484	−2 518	−2 552
−50	−1 889	−1 925	−1 961	−1 996	−2 032	−2 067	−2 102	−2 137	−2 173	−2 208
−40	−1 527	−1 563	−1 600	−1 636	−1 673	−1 709	−1 745	−1 781	−1 817	−1 853
−30	−1 156	−1 193	−11 231	−1 268	−1 305	−1 342	−137	−1 416	−1 453	−1 490
−20	−777	−816	−854	−892	−930	−968	−1 005	−1 043	−1 081	−1 118
−10	−392	−431	−469	−508	−547	−585	−624	−662	−701	−739
0	0	−39	−79	−118	−157	−197	−2 366	−275	−314	−353
0	0	39	79	119	158	1 928	238	277	317	357
10	397	437	477	517	557	597	637	677	718	758

℃	0	1	2	3	4	5	6	7	8	9
20	798	838	879	919	960	1 000	1 041	1 081	1 122	1 162
30	1 203	1 244	1 285	1 325	1 366	1 407	1 448	1 489	1 529	1 570
40	1 611	1 652	1 693	1 734	1 776	1 817	1 858	1 899	1 940	1 981
50	2 022	2 064	2 105	2 146	2 188	2 229	2 270	2 312	2 353	2 394
60	2 436	2 477	2 519	2 560	2 601	2 643	2 684	2 726	2 767	2 809
70	2 850	2 892	2 933	2 975	3 016	3 058	3 100	3 141	3 183	3 224
80	3 266	3 307	3 349	3 390	3 432	3 473	3 515	3 556	3 598	3 639
90	3 681	3 722	3 764	3 805	3 847	3 888	3 930	3 971	4 012	4 054
100	4 095	4 137	4 178	4 219	4 261	4 302	4 343	4 384	4 426	4 467
110	4 508	4 549	4 590	4 632	4 673	47 147	4 755	4 796	4 837	4 878
120	4 919	4 960	5 001	5 042	5 083	5 124	5 164	5 205	5 246	5 287
130	5 327	5 368	5 409	5 450	5 490	5 531	5 571	5 612	5 652	5 693
140	5 733	5 774	5 814	5 855	5 895	5 936	5 976	6 016	6 057	6 097
150	6 137	6 177	6 218	6 258	6 298	6 338	6 378	6 419	6 459	6 499
160	6 539	6 579	6 619	6 659	6 699	6 739	6 779	6 819	6 859	6 899
170	6 939	6 979	7 019	7 059	7 099	7 139	7 179	7 219	7 259	7 299
180	7 338	7 378	7 418	7 458	7 498	7 538	7 578	7 618	7 658	7 697
190	7 737	7 777	7 817	7 857	7 897	7 937	7 977	8 017	8 057	8 097
200	8 137	8 177	8 216	8 256	8 296	8 236	8 376	8 416	8 456	8 497
210	8 537	8 577	8 617	8 657	8 697	8 737	8 777	8 817	8 857	8 898
220	8 938	8 978	9 018	9 058	9 099	9 139	9 179	9 220	9 260	9 300
230	9 341	9 381	9 421	9 462	9 502	9 543	9 583	9 624	9 664	9 705
240	9 745	9 786	9 826	9 867	9 907	9 948	9 989	10 029	10 070	10 111
250	10 151	10 192	10 233	10 274	10 315	10 355	10 396	10 437	10 478	10 519
260	10 560	10 600	10 641	10 682	10 723	10 764	10 805	10 846	10 887	10 928
270	10 969	11 010	11 051	11 093	11 134	11 175	11 216	11 257	11 298	11 239
280	11 381	11 422	11 463	11 504	11 546	11 587	11 628	11 669	11 711	11 752
290	11 793	11 835	11 876	11 918	11 959	12 000	12 042	12 083	12 125	12 166
300	12 207	12 249	12 290	12 332	12 373	12 415	12 456	12 498	12 539	12 581
310	12 623	12 664	12 706	12 747	12 789	12 831	12 872	12 914	12 955	12 997
320	13 039	13 080	13 122	13 164	13 205	13 247	13 289	13 331	13 372	13 414

（续表）

℃	0	1	2	3	4	5	6	7	8	9
330	13 456	13 497	13 539	13 5814	13 623	13 665	13 706	13 748	13 790	13 832
340	13 874	13 915	13 957	13 999	14 041	14 083	14 125	14 167	14 208	14 250
350	14 292	14 334	14 376	14 418	14 460	14 502	14 544	14 586	14 628	14 670
360	14 712	14 754	14 796	14 838	14 880	14 922	14 964	15 006	15 048	15 090
370	15 132	15 174	15 216	15 258	15 300	15 342	15 384	15 426	15 468	15 510
380	15 552	15 594	15 626	15 679	15 721	15 763	15 805	15 847	15 889	15 931
390	16 395	16 438	16 480	16 522	16 564	16 607	16 649	16 691	16 733	16 776
400	16 395	16 438	16 480	16 5222	16 564	16 607	16 649	16 691	16 733	16 776
410	16 818	16 860	16 902	16 945	16 987	17 029	17 072	17 114	17 156	17 199
420	17 241	17 283	17 326	17 368	17 410	17 453	17 495	17 537	17 580	17 622
430	17 664	17 707	17 749	17 792	17 834	17 876	17 919	17 961	18 004	18 046
440	18 088	18 131	18 173	18 216	18 258	18 301	18 343	18 385	18 428	18 470
450	18 513	18 555	18 598	18 640	18 683	18 725	18 768	18 810	18 853	18 895
460	18 938	18 980	19 023	19 065	19 108	19 150	19 193	19 235	19 278	19 320
470	19 363	19 405	19 448	19 490	19 533	19 576	19 618	19 661	19 703	19 746
480	19 788	19 831	19 873	19 916	19 959	20 001	20 044	20 086	20 129	20 172
490	20 214	20 257	20 299	20 342	20 385	20 427	20 470	20 512	20 555	20 598
500	20 640	20 683	20 725	20 768	20 811	20 853	20 896	20 938	20 981	21 024
510	21 066	21 109	21 152	21 194	21 237	21 280	21 322	21 365	21 407	21 450
520	21 493	21 535	21 578	21 621	21 663	21 706	21 749	21 791	21 834	21 876
530	21 919	21 962	22 004	2 247	22 099	22 132	22 175	22 218	22 260	22 303
540	22 346	22 383	22 431	22 473	22 516	22 559	22 601	22 644	22 687	22 729
550	22 772	22 815	22 857	22 900	22 942	22 985	23 028	23 070	23 113	23 156
560	23 198	23 241	23 284	23 326	23 369	23 411	23 454	23 497	23 539	23 582
570	23 624	23 667	23 710	23 752	23 795	23 837	23 880	23 923	23 965	24 008
580	24 050	24 093	24 136	24 178	24 221	24 263	24 306	24 348	24 391	24 434
590	24 476	24 519	24 561	24 604	24 646	24 689	24 731	24 774	24 817	24 859
600	24 902	24 944	24 987	25 029	25 072	25 114	25 157	25 199	25 242	25 284
610	25 327	25 369	25 412	25 454	25 497	25 539	25 582	25 624	25 666	25 709
620	25 751	25 794	25 836	25 879	25 921	25 964	26 006	26 048	26 091	26 133

℃	0	1	2	3	4	5	6	7	8	9
630	26 176	26 218	26 260	26 303	26 345	26 387	26 430	26 472	26 515	26 557
640	26 599	26 642	26 684	26 726	26 769	26 811	26 853	26 896	26 938	26 980
650	27 022	27 065	27 107	27 149	27 192	27 234	27 276	27 318	27 361	27 403
660	27 445	27 487	27 529	27 572	27 614	27 656	27 698	27 740	27 783	27 825
670	27 867	27 909	27 951	27 993	28 035	28 078	28 120	28 162	28 204	28 246
680	28 288	28 330	28 372	28 414	28 456	28 498	28 540	28 583	28 625	28 677
690	28 709	28 751	28 793	28 835	28 877	28 919	28 961	29 002	29 044	29 086
700	29 128	29 170	29 212	29 254	29 296	29 338	29 380	29 422	29 464	29 505
710	29 547	29 589	29 631	29 673	29 715	29 756	29 798	29 840	29 882	29 924
720	29 965	30 007	30 049	30 091	30 132	30 174	30 216	30 257	30 299	30 341
730	30 383	30 424	30 466	30 508	30 549	30 591	30 632	30 674	30 716	30 757
740	30 799	30 840	30 882	30 924	30 965	31 007	31 048	31 090	31 131	31 173
750	31 214	31 256	31 297	31 339	313 680	31 422	31 463	31 504	3 156	31 587
760	31 629	31 670	31 712	31 753	31 794	31 836	31 877	31 918	31 960	32 001
770	32 042	32 084	32 125	32 166	32 207	32 249	32 290	32 331	32 372	32 414
780	32 455	32 496	32 537	32 578	32 619	32 661	32 702	32 743	32 784	32 825
790	32 866	32 907	32 948	32 990	33 031	33 072	33 113	33 154	33 195	33 236
800	33 277	33 318	33 359	33 400	33 441	33 482	33 523	33 564	33 604	33 645
810	33 686	33 727	33 768	33 809	33 850	33 891	33 931	33 972	34 013	34 054
820	34 095	34 136	34 176	34 217	34 258	34 299	34 339	34 380	34 421	34 461
830	34 502	34 543	34 583	34 624	34 665	34 705	34 746	34 787	34 827	34 868
840	34 909	34 949	34 990	35 030	35 071	35 111	35 152	35 192	35 233	35 273
850	35 314	35 354	35 395	35 4365	35 476	35 516	35 557	35 597	35 637	35 678
860	35 718	35 758	35 799	35 839	35 880	35 920	35 960	36 000	36 041	36 081
870	36 121	36 162	36 202	36 242	36 282	36 323	36 363	36 403	36 443	36 483
880	36 524	36 564	36 604	36 644	36 684	36 724	36 764	36 804	36 844	36 885
890	36 925	36 965	37 005	37 045	37 085	37 125	37 165	37 205	37 245	37 285
900	37 325	37 365	37 405	37 445	37 484	37 524	37 564	37 604	37 644	37 684
910	37 724	37 764	37 803	37 843	37 883	37 923	37 963	38 002	38 042	38 082
920	38 122	38 162	38 201	38 241	38 281	38 320	38 360	38 400	38 439	38 479
930	38 519	38 558	38 598	38 638	38 677	38 717	38 756	38 796	38 836	38 875

（续表）

℃	0	1	2	3	4	5	6	7	8	9
940	38 915	38 954	38 994	39 033	39 073	39 112	39 152	39 191	39 231	39 270
950	39 310	39 349	39 388	39 428	39 467	39 507	39 546	39 585	39 625	39 664
960	39 703	39 743	39 782	39 821	39 861	39 900	39 939	39 979	40 018	40 057
970	40 096	40 136	40 175	40 214	40 253	40 292	40 332	403 714	40 410	40 449
980	40 488	40 527	40 566	40 605	40 645	40 684	40 723	40 762	40 801	40 840
990	40 879	40 918	40 957	40 996	41 035	41 074	41 113	41 152	41 191	41 230
1 000	41 269	41 308	41 347	41 385	41 424	41 463	41 502	41 541	41 580	41 619
1 010	41 657	41 696	41 735	41 774	41 813	41 851	41 890	41 929	41 968	42 006
1 020	42 045	42 084	42 132	42 161	42 200	42 239	42 277	42 316	42 355	42 393
1 030	42 432	42 470	42 509	42 548	42 586	42 625	42 663	42 702	42 740	42 779
1 040	42 817	42 856	42 894	42 933	42 971	43 010	43 048	43 087	43 12	43 164
1 050	43 202	43 240	43 279	43 317	43 356	43 394	43 482	43 471	43 509	43 547
1 060	43 585	43 624	43 662	43 700	43 739	43 777	43 815	43 853	43 891	43 930
1 070	43 968	44 006	44 044	44 082	44 121	44 159	44 197	44 235	44 273	4 431
1 080	44 349	44 387	44 425	44 463	44 501	44 539	44 577	44 615	44 653	4 469
1 090	44 729	44 767	44 805	44 843	44 881	44 919	44 957	44 995	45 033	4 507
1 100	45 108	45 146	45 184	45 222	45 260	45 297	45 335	45 373	45 411	4 544
1 110	45 486	45 524	45 561	45 599	45 637	45 675	45 712	45 750	45 787	4 582
1 120	45 863	45 900	45 938	45 975	46 013	46 051	46 088	46 126	46 163	4 620
1 130	46 238	46 275	46 313	46 350	46 388	46 425	46 463	46 500	46 537	465
1 140	46 612	46 649	46 687	46 724	46 761	46 799	46 836	46 873	46 910	469
1 150	46 985	47 022	47 059	47 097	47 134	47 171	47 208	47 245	47 282	473
1 160	47 356	47 393	47 430	47 468	47 505	47 542	47 579	47 616	47 653	476
1 170	47 726	47 763	47 800	47 837	47 874	47 911	47 948	47 985	48 021	480
1 180	48 095	48 132	48 169	48 205	48 242	48 279	48 316	478 352	48 389	48 426
1 190	48 462	48 499	48 536	48 572	48 609	48 645	48 682	48 718	48 755	48 792
1 200	48 828	48 865	48 901	48 937	48 974	49 010	49 047	49 083	49 120	49 156
1 210	49 192	49 229	49 265	49 301	49 338	49 374	49 410	49 446	49 483	49 519
1 220	49 555	49 591	49 627	49 663	49 700	49 736	49 772	49 808	49 844	49 880
1 230	49 916	49 952	49 988	50 024	50 060	50 096	50 132	50 168	50 204	50 240
1 240	50 276	50 311	50 347	50 383	50 419	50 455	50 491	50 526	50 562	50 598

℃	0	1	2	3	4	5	6	7	8	9
1 250	50 633	50 669	50 705	50 741	5 776	50 812	50 847	50 883	50 919	50 954
1 260	50 990	51 025	51 061	51 096	51 132	51 167	51 203	51 238	51 274	51 309
1 270	51 344	51 380	51 415	51 450	51 486	51 521	51 556	51 592	51 627	51 662
1 280	51 697	51 773	51 768	51 803	51 838	51 873	51 908	51 943	51 979	52 014
1 290	52 049	52 084	52 119	52 154	52 189	52 224	52 259	52 294	52 329	52 364
1 300	52 398	52 433	52 468	52 503	52 538	52 573	52 608	52 642	52 677	52 712
1 310	52 747	52 781	52 816	52 851	52 886	52 920	52 955	52 989	53 024	53 059
1 320	53 093	53 128	53 162	53 197	53 232	53 266	53 301	53 335	53 370	53 404
1 330	53 430	53 473	53 507	53 542	53 576	53 611	53 645	53 679	53 714	53 748
1 340	53 782	53 817	53 851	53 885	53 920	53 954	53 988	54 022	54 057	54 091
1 350	54 125	54 159	54 193	54 228	54 262	54 296	54 330	54 364	54 398	54 432
1 360	54 466	54 501	54 535	54 569	54 603	54 637	54 671	54 705	54 739	54 773
1 370	54 807	54 841	84 875							

附录 B　Pt100 铂电阻分度表

（单位：Ω）

℃	0	1	2	3	4	5	6	7	8	9
−200	18.49									
−190	22.80	22.37	21.94	21.51	21.08	20.65	20.22	19.79	19.36	18.93
−180	27.08	26.65	26.23	25.80	25.37	24.94	24.52	24.09	23.66	23.23
−170	31.32	30.90	30.47	30.05	29.63	29.20	28.78	28.35	27.93	27.50
−160	35.53	35.11	34.69	34.27	33.85	33.43	33.01	32.59	32.16	31.74
−150	39.71	39.30	38.88	38.46	38.04	37.63	37.21	36.79	36.37	35.95
−140	43.87	43.45	43.04	42.63	42.21	41.79	41.38	40.96	40.55	40.13
−130	48.00	47.59	47.18	46.76	46.35	45.94	45.52	45.11	44.70	44.28
−120	52.11	51.70	51.29	50.88	50.47	50.00	49.64	49.23	48.82	48.41
−110	56.19	55.78	55.38	54.97	54.56	54.15	53.74	53.33	52.92	52.52
−100	60.25	59.85	59.44	59.04	58.63	58.22	57.82	57.41	57.00	56.60
−90	64.30	63.90	63.49	63.09	62.68	62.28	61.87	61.47	61.06	60.66
−80	68.33	67.92	67.52	67.12	66.72	66.31	65.91	65.51	65.11	64.70
−70	72.33	71.93	71.53	71.13	70.73	70.633	69.93	69.53	69.13	68.73
−60	76.33	75.93	75.53	75.13	74.73	74.33	73.93	73.53	73.13	72.73
−50	80.31	79.91	79.51	79.11	78.72	78.32	77.92	77.52	77.13	76.73
−40	84.27	83.88	83.48	83.08	82.69	82.29	81.89	81.50	81.10	80.70
−30	88.22	87.83	87.43	87.04	86.64	86.25	85.85	85.46	85.06	84.67
−20	92.16	91.77	91.37	90.98	90.59	90.19	89.80	89.40	89.01	88.62
−10	96.09	95.69	95.30	94.91	94.52	94.12	93.73	93.34	92.95	92.55
0	10 0.00	99.61	99.22	98.83	98.44	98.04	97.65	97.26	96.87	96.48
0	100.00	100.39	100.78	101.17	101.56	101.95	102.34	102.73	103.13	103.51
10	103.90	104.29	104.68	105.07	105.46	105.85	106.24	107.63	107.02	107.49
20	107.79	108.18	108.57	108.96	109.35	109.73	110.12	110.51	110.90	111.28
30	111.67	112.06	112.45	112.83	113.22	113.61	113.99	114.38	114.77	115.15
40	115.54	115.93	116.31	116.70	117.08	117.47	117.85	118.24	118.62	119.01
50	119.40	119.78	120.16	120.55	120.93	121.32	121.70	122.09	122.47	122.86

℃	0	1	2	3	4	5	6	7	8	9
60	123.24	123.62	124.01	124.39	124.77	125.16	125.54	125.92	126.31	126.69
70	127.07	127.45	127.84	128.22	128.60	128.98	129.37	129.75	130.13	130.51
80	130.89	131.27	131.66	132.04	132.42	132.80	133.18	133.56	133.94	134.32
90	134.70	135.08	135.46	135.84	136.22	136.60	136.98	137.36	137.74	138.12
100	138.50	138.88	139.26	139.64	140.02	140.39	140.77	141.15	141.53	141.91
110	142.29	142.66	143.04	143.42	143.80	144.17	144.55	144.93	145.31	145.68
120	146.06	146.44	146.81	147.19	147.57	147.94	148.32	148.70	149.07	149.45
130	149.82	150.20	150.57	150.95	151.33	151.70	152.08	152.45	152.83	153.20
140	153.58	153.95	154.32	154.70	155.07	155.45	155.82	156.19	156.57	156.94
150	157.31	157.69	158.06	158.43	158.81	159.18	159.55	159.93	160.30	160.67
160	161.04	161.42	161.79	162.16	162.53	162.90	163.27	163.65	164.02	164.39
170	164.76	165.13	165.50	165.87	166.24	166.61	166.98	167.35	167.72	168.09
180	168.46	168.83	169.20	169.57	169.94	170.31	170.68	171.05	171.42	171.79
190	172.16	172.53	172.90	173.26	173.62	174.00	174.37	174.74	175.10	175.47
200	175.84	176.21	176.57	176.94	177.31	177.68	178.04	178.41	178.78	179.14
210	179.51	179.88	180.24	180.61	18.97	181.34	181.71	182.07	182.44	182.80
220	183.17	183.53	183.90	184.26	184.63	184.99	185.36	185.72	186.09	186.45
230	186.82	187.18	187.54	187.91	188.27	188.63	189.00	189.36	189.72	190.09
240	190.45	190.81	191.18	191.54	191.90	192.26	192.63	192.99	193.35	193.71
250	194.07	194.44	194.80	195.16	195.52	195.88	196.24	196.60	196.96	197.33
260	197.69	198.05	198.41	198.77	199.13	199.49	199.85	200.21	200.57	200.93
270	201.29	201.65	202.01	202.36	202.72	203.08	203.44	203.80	204.16	204.52
280	204.88	205.23	205.59	205.95	206.31	206.37	207.02	207.38	207.74	280.10
290	208.45	208.81	209.17	209.52	209.88	210.24	210.59	210.98	211.31	211.66
300	212.02	212.37	212.73	213.09	213.44	213.80	214.15	214.51	214.86	215.22
310	215.57	215.93	216.28	216.64	216.99	217.35	217.70	218.05	218.41	218.76
320	219.12	219.47	219.82	220.18	220.53	220.88	221.24	221.59	221.94	222.29
330	222.65	223.00	223.35	223.70	224.06	224.41	224.76	225.11	225.46	225.81
340	226.17	226.52	226.87	227.22	227.57	227.92	228.27	228.62	228.97	229.32
350	229.67	230.02	230.37	230.72	231.07	231.42	231.77	232.12	232.47	232.82
360	233.17	233.52	233.87	234.22	234.56	234.91	235.26	235.61	235.96	236.31

（续表）

℃	0	1	2	3	4	5	6	7	8	9
370	236.65	237.00	237.35	237.70	238.04	238.39	238.74	239.09	239.43	239.78
380	240.13	240.47	240.82	241.17	241.51	241.86	242.20	242.55	242.90	243.24
390	243.59	243.93	244.28	244.62	244.97	245.31	245.66	246.00	246.35	246.69
400	247.04	247.38	247.73	248.07	248.41	248.76	249.10	249.45	249.79	250.13
410	250.48	250.82	251.16	251.50	251.85	252.19	252.53	252.88	253.22	253.56
420	253.90	254.24	254.59	254.93	255.27	255.61	255.95	256.29	256.64	256.98
430	257.32	257.66	258.00	258.34	258.68	259.02	259.36	259.70	260.04	260.38
440	260.72	261.06	261.46	261.74	262.08	262.42	262.76	263.10	263.43	263.77
450	264.11	264.45	264.79	265.13	265.47	265.80	266.14	266.48	266.82	267.15
460	267.49	267.83	268.17	268.50	268.84	269.18	269.51	269.85	270.19	270.52
470	270.86	271.20	271.53	271.87	272.20	272.54	272.88	273.21	273.55	273.88
480	274.22	274.55	274.89	275.22	275.56	275.89	276.23	276.56	276.89	177.23
490	277.56	277.90	278.23	278.56	278.90	279.23	279.56	279.90	280.23	280.56
500	280.90	281.23	281.56	281.89	282.23	282.56	282.89	283.22	283.55	283.89
510	284.22	284.55	284.88	285.21	285.54	285.87	286.21	286.54	286.87	287.24
520	287.53	287.86	288.19	288.52	288.85	289.18	289.51	289.84	290.17	290.59
530	290.83	291.16	291.49	291.81	292.14	292.47	292.80	293.13	293.46	293.79
540	294.11	294.44	294.77	295.10	295.43	295.75	296.08	296.41	296.74	297.66
550	297.39	297.72	298.04	298.37	293.70	299.02	299.35	299.68	300.00	300.33
560	300.65	300.98	301.31	301.63	301.96	302.28	302.61	302.93	303.26	303.58
570	303.91	304.23	304.56	304.88	305.20	305.53	305.85	306.18	306.50	306.82
580	307.15	307.47	307.79	308.12	308.44	308.76	309.09	309.41	309.73	310.05
590	310.38	310.70	311.02	311.34	311.67	311.99	312.31	312.63	312.95	313.27
600	313.59	313.92	314.24	314.56	314.88	315.20	315.52	315.84	316.16	316.48
610	316.80	317.12	317.44	317.76	318.08	318.46	318.72	319.04	319.36	319.68
620	319.99	320.31	320.63	320.95	321.27	321.59	321.91	322.22	322.54	322.86
630	323.18	323.49	323.81	324.13	324.45	324.76	325.08	325.40	325.72	326.03
640	326.35	326.66	326.98	327.30	327.61	327.93	328.25	328.56	328.88	329.19
650	329.51	329.82	330.14	330.45	330.77	331.03	331.40	331.71	332.03	332.34
660	332.66	332.97	333.28	333.60	333.91	334.23	334.54	334.85	335.17	335.48
670	335.79	336.11	336.42	336.73	337.04	337.36	337.67	337.98	338.29	338.61

℃	0	1	2	3	4	5	6	7	8	9
680	338.92	339.23	339.54	339.85	340.16	340.48	340.79	341.10	341.41	341.72
690	342.03	342.34	342.65	342.96	343.27	343.58	343.89	344.20	344.51	344.82
700	345.13	345.44	345.75	346.06	346.37	346.68	346.99	347.30	347.60	347.91
710	348.22	348.53	348.84	349.15	349.45	349.76	350.07	350.38	350.69	350.99
720	351.30	351.61	351.91	352.22	352.53	352.83	353.14	353.45	353.75	354.06
730	354.37	354.67	354.98	355.28	355.59	355.90	356.20	356.51	356.81	357.12
740	357.42	357.73	358.03	358.34	358.64	358.95	359.25	359.55	359.86	360.16
750	360.47	360.77	361.07	361.38	361.68	361.98	362.29	362.59	362.89	363.19
760	366.52	366.82	367.12	367.42	367.72	368.02	368.32	368.63	368.93	369.23
770	366.52	366.82	367.12	367.42	367.72	368.02	368.32	368.63	368.93	369.23
780	369.53	369.83	370.13	370.43	370.73	371.03	371.33	371.63	371.93	372.22
790	372.52	372.82	373.12	373.42	373.72	374.02	374.32	374.61	374.91	375.21
800	375.51	375.81	376.10	376.40	376.70	377.00	377.29	377359	377.89	378.19
810	378.48	378.78	379.08	379.37	379.67	379.97	380.26	380.56	380.85	381.15
820	381.45	381.74	382.04	382.33	382.63	382.92	383.22	383.51	383.81	381.15
830	384.40	384.69	384.98	385.28	385.57	385.87	386.16	386.45	386.75	387.04
840	387.34	387.63	387.92	388.21	388.51	388.80	389.09	389.39	389.68	389.97
850	389.26									

附录 C 基于 MATLAB 最小二乘法的 K 型热电偶线性拟合

在 MATLAB 的 command windows 窗口输入以下命令（％后面的都是注释语句）：

```
x=0:100:600                    %  0 为起始值,600 为终止值,100 为间隔步长
y=[0  4.095  8.137  12.207     %  对应的热电势
   16.395  20.640  24.902]
m=2;                           %  m 为拟合多项式的次数
fxy2=polyfit(y,x,m)            %  其中,x,y 为已知数据点向量,分别表示横
                               %  纵坐标,m 为拟合多项式的次数,结果返回
                               %  m 次拟合多项式系数,从高次到低次存放
                               %  在向量 fxy2 中
```

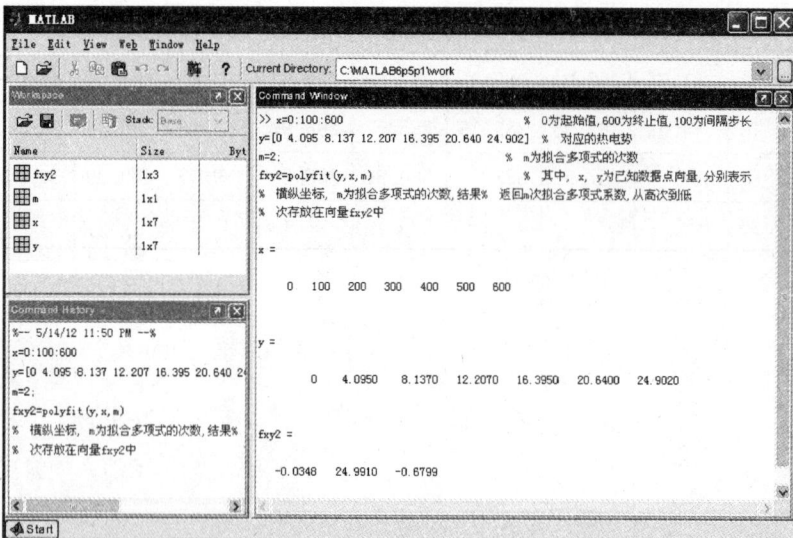

从上图的 fxy2=−0.034 8 24.991 0 −0.679 9,可以看出二次项系数为−0.034 8,一次项系数为 24.991 0,常数项为−0.679 9。

扫一扫观看 K 型热电
偶线性拟合讲解视频

参考文献

[1] 俞云强. 传感器与检测技术. 高等教育出版社, 2008.

[2] 吴旗. 传感器与自动检测技术. 高等教育出版社, 2006.

[3] 王煜东. 传感器应用电路 400 例. 中国电力出版社, 2008.

[4] 梁森. 自动检测技术及应用. 机械工业出版社, 2009.

[5] 金发庆. 传感器技术与应用. 机械工业出版社, 2009.

[6] 沈聿农. 传感器及应用技术. 化学工业出版社, 2011.

[7] 武昌俊. 自动检测技术及应用. 机械工业出版社, 2006.

[8] 杨利军. 传感器原理及应用. 中南大学出版社, 2007.

[9] 李希文. 传感器与信号调理技术. 西安电子科技大学出版社, 2008.

[10] 胡向东. 传感器与检测技术. 机械工业出版社, 2009.